Peter Burkhardt

Das Waldrevier

Revierpflege
und
Jagdpraxis

Müller Rüschlikon

Impressum

Einbandgestaltung: L. dos Santos
Titelbild: M. von Sperber
Bildnachweis: Alle Bilder und Grafiken vom Verfasser, wenn nicht anders gekennzeichnet.

Alle Angaben in diesem Buch wurden nach bestem Wissen und Gewissen gemacht. Für einen eventuellen Missbrauch der Informationen in diesem Buch können weder der Autor noch der Verlag oder die Vertreiber des Buches zur Verantwortung gezogen werden. Eine Haftung für Personen-, Sach- und Vermögensschäden ist ausgeschlossen.

ISBN 978-3-275-01918-2

Postfach 103743, 70032 Stuttgart
Ein Unternehmen der Paul Pietsch Verlage GmbH & Co. KG
Lizenznehmer der Bucheli Verlags AG, Baarerstr. 43, CH-6304 Zug

1. Auflage 2013

Sie finden uns im Internet unter www.mueller-rueschlikon-verlag.de.

Lektorat: Andreas David
Innengestaltung: Die Text- & Bildmanufaktur, www.tubm.de
Druck und Bindung: KoKo Produktionsservice s.r.o., 70900 Ostrava
Printed in Czech Republic

Inhalt

Vorwort

Die Jagd hat in den letzten Jahren einen tief greifenden Wandel erfahren. Durch die Industrialisierung der Landwirtschaft wurden in Feldrevieren viele Tierarten zurückgedrängt. Gegenläufig verlief vielerorts die Entwicklung im Wald: Hinwendung zum naturnahen Waldbau, steigende Wildbestände und die daraus resultierenden Konflikte beschäftigen die Akteure.

Folglich leiten sich aus dieser Entwicklung auch immer komplexere jagdliche Aufgaben ab. Dieses Buch nimmt (Neu-)Pächter, Waldjäger, Jagdaufseher und Waldbesitzer / Jagdgenossen an die Hand und begleitet sie – Monat für Monat – durch viele Facetten der Führung und Betreuung eines Waldreviers.

Ein Dankeschön

Selbst ein so kleines Büchlein gelingt nicht ohne helfende Hände: Den Lektor, die kritischen Manuskript-Leser, die Produktion und viele andere mehr. Jägerinnen und Jäger stellten Bildmaterial zur Verfügung, viele Försterinnen und Förster ebenso. In vielen Revieren durfte ich – sonst eher unüblich – auch Blicke hinter die Kulissen werfen. Die Tipps und Ideen anderer Pächterinnen und Pächter sind in die einzelnen Kapitel eingeflossen.

Einen besonderer Dank geht an meine Co-Autoren, die an diesem Projekt mitgewirkt haben: Stefan Bruns (Hannover), Jonas Burkhardt (Gartow), Andreas David (Salzhausen) und Timo Hilgers (Lüneburg). Wenigstens den an zweiter Stelle genannten, konnte ich auf einer Kanzel in einem Waldrevier heimlich ablichten (siehe Foto rechts). Weitere Fotos waren von allen Mit-Autoren trotz passionierter Pirsch nicht zu bekommen ...

Nicht vergessen möchte ich das Verlagshaus: Hier möchte ich mich bei Claudia König und Andreas David, der dieses Werk auch als Lektor begleitet hat, bedanken.

Peter Burkhardt
im Frühjahr 2013

Der Traum vom eigenen Revier

Von Katrin und Peter Burkhardt

„Ich bin ein freier Wildbretschütz und hab ein weit Revier. Soweit die braune Heide reicht, gehört das Jagen mir." Den Liedertext von Herman Löns müssten Sie doch auch kennen, oder? Wer hat je besser die Sehnsucht nach einem eigenen Revier zusammengefasst als der Heidedichter? Sie träumen auch davon? Wir haben für Sie einige Wege skizziert, wie auch Sie sich den Traum vom eigenen Revier erfüllen können.

Ob Sie gerade erst jagdpachtfähig geworden sind oder schon viele Jahre jagen, ob Sie viel oder wenig erlegt haben, ob Sie jung oder alt sind, ob männlich oder weiblich – dies sind alles ausdrücklich keine Parameter, die darüber entscheiden, ob Sie sich mit dem „Revier-Virus" infizieren können. Auch nur über etwas Grund und Boden verfügen zu können, auf dem man weitestgehend selbst bestimmt jagen kann, ist für die meisten Jägerinnen und Jäger der Kulminationspunkt, wenn man mit ihnen über ihre Passion spricht. Am Ende steht der Wunsch nach einem eigenen Revier, diesem bisschen Freiheit vielleicht, das wir damit verbinden.

Wenngleich uns unsere dicht besiedelte Kulturlandschaft zahlreiche Grenzen aufzeigt und viele (land-) und (forst-)wirtschaftliche Zwänge die Abläufe „da draußen" dominieren – das Revier ist oft das verklärte Synonym für die Jagd an sich, für den freien Wildbretschütz. Kein Wunder also, wenn Jägerinnen und Jäger sich auf die Suche nach einer jagdlichen Heimat machen.

Doch ein Revier ist auch mit vielen Pflichten verbunden und so mancher Jagdherr wurde alsbald von den genannten Zwängen ernüchtert. Wildschäden hier, Ärger mit anderen Nutzern dort – die Palette der Störfaktoren in der braunen Heide, hier dem eigenen Revier, ist umfangreich. Doch dies ist kein jagdrechtlicher Artikel, hier geht es (noch) nicht um beispielsweise Sauen im Mais und den damit verbundenen Ärger. Wir möchten stattdessen aufzeigen, welche vielfältigen Möglichkeiten es gibt, endlich Jagdherrin oder Jagdherr zu werden. Vielleicht ist bei den verschiedenen Wegen und Modellen auch ein Entwurf dabei, der zu Ihnen passt.

Jagen in einer Forstverwaltung

Der kürzeste Weg zur eigenen Jagdfläche führt unseres Erachtens über die Bundes-, Landes- und Privatforstverwaltungen. Das Zauberwort lautet Jagderlaubnisschein, mancherorts wird das Konstrukt auch „Pirschbezirk" genannt. Gelegentlich werden Jagdbezirke auch verpachtet. Die Begehungsscheine und Pachtangebote der Forstverwaltungen betreffen zumeist kleinparzellige Liegenschaften, oft Enklaven, deren (Schalenwild-)Bejagung Ihnen übertragen werden kann.

Viele Verwaltungen sind bemüht, private Jäger in den Jagdbetrieb zu integrieren. Die Absprachen und Regelungen – ob Pacht oder Begehungsschein – sind dabei so vielfältig wie die Reviere selbst: Jahresjagderlaubnisse mit oder ohne festem Pirschbezirk, variierende Wildarten, ohne oder mit Wildbretübernahme, unterschiedliche Laufzeiten oder Wildmengen in der Freigabe, integrierte einmal jährliche Bewegungsjagd usw. – alles ist denkbar.

Die Pachtreviere der Forstverwaltungen werden deutschlandweit überwiegend nach dem Meistgebotsverfahren ausgeschrieben. Begehungsscheine werden hingegen oft, wie oben beschrieben, nach Einzelabsprachen vergeben. Die klassischen Verpachtungen sind mittlerweile eher rückläufig, während das Modell des „Pirschbezirks" sich mehr und mehr durchsetzt. Warum ist das so?

Die Zeiten ändern sich

Niederwildreviere werden meistens für neun Jahre oder mehr, Hochwildreviere für zwölf Jahre oder länger verpachtet – so haben wir das im Jagdschein gelernt (siehe dazu auch nachstehenden Beitrag).

Allein die Zeiten haben sich geändert – und wer vermag heute noch seriös vorauszusagen, wo er oder sie sich in zwölf Jahren befinden? Berufliche Flexibilität wird groß geschrieben, Konzerne verschieben Mitarbeiter, Jobs ändern sich ...

Der Trend geht heute ganz klar in eine Richtung: Kleinere Jagdbezirke mit kurzen Laufzeiten sind gefragt. Das mag mit dem Verständnis unserer Großväter eines Reviers („Lebensaufgabe") schon lange nicht mehr deckungsgleich sein. Das mag auch für die Biologie, Hege und Bewirtschaftung manche Wildart nicht hilfreich sein. Kaum noch einer will sich lange binden, viele möchten lieber überschaubare Reviergrößen als große Flächen. So wird unser Reviersystem zwar nicht nach und nach abgeschafft, es bleiben ja Reviere, aber deren interne Bewirtschaftung ist längst im Wandel begriffen.

Auch in unserem Fall kam eine lange Pachtperiode nicht in Frage und wir haben uns stattdessen für einen Begehungsschein/Pirschbezirk entschieden. Bei gegenseitigem Einvernehmen können bei uns beide Parteien um weitere vier Jahre verlängern und zudem – wichtig! – haben beide Seiten die Option, jeweils jährlich zu kündigen. Hier wird schon deutlich, warum Forstverwaltungen vermehrt zum Instrument des Begehungsscheines neigen: Begehungscheine ermöglichen es den Verwaltungen, noch die Hand auf der Fläche zu behalten. Zu allererst sind sie ihren militärisch-/forstlichen (Bundesforsten) oder ihren waldbaulichen (Landes/Privatforsten) Zielen verpflichtet – danach hat sich die Jagdausübung zu richten, und nicht umgekehrt.

Hinzu kommt, dass viele Verwaltungen schlechte Erfahrungen mit klassischen, nennen wir sie einmal privat-zivilen, Pächtern gemacht haben. Nicht erfüllte Abschussvorgaben, Differenzen bei der Beurteilung von Waldwildschäden oder dubiose Jagdmethoden führten oft zu Zerwürfnissen. Wenn der Grund und Boden aber klassisch verpachtet war, war es schwierig, den „Mieter" vor die Tür zu setzen. Ein Vertragswerk auf der Grundlage eines Begehungsscheines schafft da Abhilfe. Um beim Beispiel unserer eigenen Begehungsscheine und deren Modalitäten zu bleiben: Im jeweiligen Begehungsschein findet sich ein Passus, der es der Privatforstverwaltung erlaubt, bei Nichterfüllung der Abschussvorgaben, eine Drückjagd auf unserer Fläche zu veranstalten. Haben wir unsere

Vorgaben allerdings erfüllt, kommt dieser Punkt nicht zum Tragen. Bis dato musste die hiesige Verwaltung diese Notbremse noch nicht ziehen.

Weiteres Beispiel: Ist zeitig im Jahr das Abschusskontingent erfüllt, haben wir die Option, aus dem gemeinschaftlichen Pool des Forstamtes Rot-, Dam- und Rehwild nachzubeantragen. Dies wird ohne Probleme bewilligt, bis auch hier alle Kontingente aufgebraucht sind. Keine Angst, wenn es einmal nicht auf Ihrer Fläche mit den Zielvorgaben klappt, durch die Pool-Lösung wird vieles bereinigt. Umgekehrt ist das kein Dauerzustand. Fazit: Wer will, kann kräftig jagen, wer zu zögerlich jagt, wird mit freundlichem Nachdruck „unterstützt".

Fertig möbliert

Wenn auch Sie – wie wir – über wenig Zeit verfügen, greifen einige weitere Pluspunkte des Begehungsschein-Modells in Privat-, Landes- oder Bundesforsten: Das Revier ist schon bei Antritt weitestgehend möbliert! Fast alle Jagdbezirke von Forstverwaltungen werden ja nicht erst seit Ihrer Übernahme bejagt, sondern die ausgesuchte Fläche wird Ihnen lediglich anvertraut. Kanzeln sind oft schon vorhanden, in einigen Fällen zudem Drückjagdböcke. Abschlagszahlungen für Reviereinrichtungen werden in der Regel nicht gefordert.

Die Nutzung der Kühlkammer wird häufig gewährt, in der Startphase werden Orientierungs- und Jagdhilfen durch den zuständigen Revierbeamten gerne gegeben. Kurz: Sie fangen nicht bei Null an, sondern steigen in ein bestehendes System ein – dies ist insbesondere für Jägerinnen und Jäger mit weniger Jagderfahrung ideal, wenn sie bereit sind, weiterhin Dinge anzunehmen.

Ohnehin ist die vorhandene Logistik und der Erfahrungsschatz der Förster durch nichts zu ersetzen. Detaillierte Revierkarten, Bejagungstipps und – in Ausnahmefällen – auch einmal Bergungshilfe bei großen Stücken oder Aufbauhilfe bei einer neuen, halboffenen Kanzel, sind alles Vorzüge, die wir nicht missen möchten.

Apropos wenig Zeit – einen ganz großen Charmefaktor haben reine Waldreviere: Sie werden zum Beispiel nie einen Zaun um Maisschläge ziehen müssen. Keinen Stress mit Feldwildschäden zu haben, ist unglaublich entspannend!

Sie kommen in den nächsten vier Wochen wieder nicht ins Revier? Kein Problem, solange am Ende die mit Ihnen vereinbarten Stücke liegen, können Sie sich, ohne fremdbestimmt zu sein, Ihre Zeit selber einteilen. DAS ist für unsere Familie und uns DIE Trumpfkarte unserer Begehungsscheine in einem Waldrevier einer Forstverwaltung ...

Eben sind schon die Stichworte „Jägerinnen und Jäger mit weniger Jagderfahrung" gefallen, wir möchten sie an dieser Stelle noch einmal ins Feld führen, sie aber von einer anderen Seite beleuchten.

Im Gegensatz zu vielen zivilen Revieren fragt Sie hier niemand nach Ihren jagdlichen Heldentaten, keiner muss mit Trophäen protzen – und Sie brauchen sich die oft langwierige Knochenmühle des Sich-nach-oben-Dienens nicht anzutun. Haben Sie Ihren Begehungsschein in der Tasche, jagen Sie ohne jedwedes Gefälligkeitsgebaren und subtiler Abhängigkeiten! Mehr noch (siehe oben): Man steht Ihnen bei vielen Fragen zur Seite.

Der Begehungsschein/Pirschbezirk in einer Forstverwaltung ist für uns daher das ideale Reviereinstiegsmodell. Sammeln Sie hier erste Erfahrungen im „Management" und versuchen Sie, Ihre kleine Parzelle erfolgreich zu bewirtschaften – es ist eine unglaublich erfüllende Aufgabe. Seien Sie dann aber auch nicht verwundert, wenn Sie ein Leben lang bei dieser entspannten Form des Jagdreviers bleiben ...

Eigenjagdbezirke

Kommen wir nun zu einem vordergründig bequemen Fall: Sie sind Inhaber/in eines Eigenjagdbezirkes. Nach Ablauf der Pachtzeit Ihres Vorgängers übernehmen Sie die Eigenjagd, ganz einfach. Ganz einfach? Bedenken Sie bitte, dass damit auch alle Verantwortung auf Ihnen lastet. Wildschäden sind jetzt ausschließlich Ihre Angelegenheit, die Grundeinkünfte durch die Verpachtung fallen weg. Wollen Sie das? Möchten/können Sie das leisten? Auch in diesem Fall – es ist ja gemäß unserer Annahme Ihr erstes eigenes Revier – folgt beharrlich diese Fra-

Im Wonnemonat Mai sehen viele Reviere schön aus. Gehen Sie aber gedanklich das ganze Jahr durch. Wie mutet weitgehend deckungsloser Buchenwald dann an?

ge: Packen Sie das? Oder brauchen Sie wenigstens einen „Flügelmann“, wo zusätzlich auch sämtlicher „Behördenkram“ auf Sie zukommt, die Neuanlage von Wildäsungsstreifen Ihrem Revier gut anstünde und Sie allein für die Erfüllung der Abschusspläne zuständig sind. Sie trauen sich das alles zu? Dann ist dieser Fall wie eingangs beschrieben, in der Tat ganz einfach ...

Sie haben hingegen ein Auge auf einen Eigenjagdbezirk geworfen, der nicht Ihnen gehört? Dann haben Sie, in Abgrenzung zum Gemeinschaftlichen Jagdbezirk, schon einmal einen Vorteil: Sie haben nur einen Ansprechpartner! „Können“ Sie mit dem gut? Er oder sie wird über Jahre der wichtigste Kontakt bleiben. Finden Sie in Gesprächen heraus, wohin die Reise in diesem Revier gehen soll.

Suchen Sie sich auch hier im Vorfeld Unterstützung. Zur ersten Revierfahrt nehmen Sie sich bitte eine Person Ihres Vertrauens mit, die

Ihnen hilft, die Qualität Ihres potenziellen Jagdgrundes zu beurteilen. Lassen Sie sich Abschusspläne zeigen, fragen Sie ruhig einmal nach, hören Sie sich in der Umgebung um. Im kommenden Jahr soll zum 1.4. diese Jagd frei werden? Wenn Sie im Mai eine Revierfahrt machen, sehen viele Reviere schön aus. Wie steht es um die Anmutung im November? Winterkahler Buchenwald? Gehen Sie beim Begutachten gedanklich eine ganze Jagdsaison durch.

Befragen Sie beide Seiten

Dann die Kernforderung: Bitten Sie unbedingt um den Kontakt zum Vorpächter! Seriöse Verpächter gewähren Ihnen dies. Ihr Vorpächter hat lediglich aus Altersgründen aufgegeben, wunderbar, wie unproblematisch.

Aber: Ihr Vorgänger meint „Früher war das hier ein ruhiges Waldrevier, dann kam der Grillplatz und im Winter werden neuerdings Loipen gezogen" – Vorsicht!

Oder der umgekehrte Fall: Ihr Vorgänger, mittlerweile über 80 Jahre alt, kennt das Revier seit 30 Jahren. Natürlich hat sich – wie überall in Deutschland – auch hier einiges getan. Dass dieser ehrwürdige Nimrod der guten alten Zeit nachtrauert und einiges schwarz malt, ist wohl selbstverständlich und menschlich. Hier heißt es nun im umgekehrten Sinne vorsichtig sein. Vieles ist nicht so schlecht, wie es gemacht wird.

Daher: Hören Sie sich stets beide Seiten an, machen Sie hier und da Abstriche und ziehen Sie Ihre eigene Quintessenz daraus. Die Wahrheit liegt wie so oft in der Mitte.

Gemeinschaftliche Jagdbezirke

Das gesamte, oben beschriebene Procedere spulen Sie bitte auch im Falle eines Gemeinschaftlichen Jagdbezirkes ab! Bedenken Sie dabei: Der Gemeinschaftliche Jagdbezirk vereinigt viele Jagdgenossen in einer Zwangsgemeinschaft – schon daher müssen die Grundeigentümer nicht immer einer Meinung sein. Hier gibt es oft verschiedene Strömungen, wie es in jeder Ansammlung von Menschen normal ist.

Die einen sind profitorientiert und zielen in erster Linie auf Ihr Geld, die anderen sind eher lokal ausgerichtet und sehen ihren Gemeinschaftlichen Jagdbezirk als Heimat oder als zu bewahrendes Kulturgut der Dorfgemeinschaft. Wiederum andere haben wirtschaftlich wenig Spielraum und achten schon von daher mehr auf Waldwildschäden. Andere sind da toleranter, weil sie es sich leisten können.

Dem Nächsten ist es egal, wie Sie sich ins Umfeld Ihrer neuen Jagd integrieren, wieder andere erwarten schon, dass Sie in einem gewissen Maße am lokalen Leben (Schützenfest, passives Mitglied der Freiwilligen Feuerwehr etc.) teilhaben. Kurz: Es ist unglaublich viel Politik und Bauchgefühl im Spiel – beides wird Sie über Jahre begleiten. Um einmal im Jargon unserer Region nachzuhaken: „Können Sie damit gut um?"

Der Pächter von außerhalb

Betrachten wir den Normalfall: Sie sind Pachtinteressent und kommen nicht direkt aus der Region, schon gar nicht aus dem Dorf, in das Sie jagdlich „einheiraten" wollen. Sie werden nicht mit allen Jagdgenossen verhandeln müssen, denn die werden durch einen zumeist dreiköpfigen Vorstand vertreten. Der Vorstand war es auch, der die Anzeigen in der Fach- und Lokalpresse geschaltet hat und „für Rückfragen und eine Revierbesichtigung zur Verfügung steht". Verfahren Sie nun wie im Teil „Eigenjagdbezirke" beschrieben. Achtung! Sie kommen womöglich von weit her? Passen Sie dann hierher? Ober bleiben Sie ewig der Wessi zwischen den Ossis, der Großstädter zwischen den Dörflern, der Preuße zwischen den Bayern, der Rheinländer inmitten der Nordfriesen? Erinnern Sie sich an den Satz mit dem Bauchgefühl? Unterschätzen Sie dies nie.

Unterschriftsreif?

Der offizielle Termin mit dem Vorstand der Jagdgenossenschaft ist gemacht, die Revierfahrt war hochinteressant, man ging ehrlich mit Ihnen um. Später wird Ihnen signalisiert, dass Sie den Zuschlag bekommen haben. Ihr Entschluss ist gefasst: Sie wollen unterschreiben. Jubel? Stopp! Damit dies – auch bei besten Absichten – nicht zum Albtraum wird, lesen Pachtwillige bitte die folgenden beiden Kapitel. Waldbesitzer, Jagdgenossen und andere Verpächter aber bitte auch.

Alles rechtens?

Gedanken zum Jagdpachtvertrag – von Rechtsanwalt Stefan Bruns

Sollten Sie dieses Kapitel lesen? Machen Sie eine Kontrollüberlegung und entscheiden Sie dann.

Würden Sie ohne weiteres Nachdenken einen Wohnungsmietvertrag mit in etwa folgendem Inhalt unterschreiben?:

§ 1 Der Mieter mietet für neun oder zwölf Jahre die Wohnung. Er verpflichtet sich, Türen und Fenster zu jeder Tages- und Nachtzeit offen stehen zu lassen, so dass jeder kommen und gehen kann, wie er will.

§ 2 Der Mieter duldet, dass der Vermieter nach seinem Befinden (vorwiegend im Spät-Frühjahr und Früh-Herbst) große Mengen heimischer Delikatessen in der Wohnung lagert. Der Mieter verpflichtet sich, darauf aufzupassen, dass Orks, Urukay's (um den Kreis der Beteiligten neutral zu halten mal eine Anspielung auf eine populäre Literaturverfilmung) und andere sich nicht an den Köstlichkeiten vergreifen (auf die sie übrigens „sauscharf" sind).

§ 3 Gäste dürfen nach Lust und Laune in der Wohnung feiern. Der Mieter verpflichtet sich, jedes Jahr die Wohnung auf eigene Kosten von Grund auf zu renovieren und Schäden zu bezahlen.

§ 4 Bei der Auf- oder Umstellung größerer Möbelstücke fragt der Mieter den Vermieter vorher um Erlaubnis.

§ 5 Ein Sonderkündigungsrecht hat der Mieter nicht.

Wenn Sie die Frage für sich mit „Ja" beantworten, können Sie dieses Kapitel getrost überspringen.

Wenn Sie die Frage mit „Nein" beantworten, sollten Sie weiterlesen.

Wenn Sie die Frage für sich mit „wie kommen Sie auf so etwas..." beantworten, lohnt sich ein aufmerksames Lesen – und es sei Ihnen der Rat am Ende des Kapitels ans Herz gelegt.

Erfüllung eines Traumes?

Völlig nachvollziehbar, ist ein eigenes Revier für viele passionierte Jägerinnen und Jäger die Erfüllung eines Traumes. Nur sollte es eine bewusste Entscheidung sein. Und Bewusstsein setzt die Kenntnis der Risiken voraus. Neben den Vorteilen sollen auch die Zusammenhänge und Gefahren deutlich gemacht werden, damit jeder / jede für sich eine verantwortungsvolle Entscheidung treffen kann. Wie gesagt, Regellaufzeit: neun oder zwölf Jahre!

Dass die Jagd in Deutschland nur in einem Revier ausgeübt werden darf und ein Jäger den Jagdschein mindestens während drei voller Jahre besessen und einen weiteren gelöst haben muss, um pachtfähig zu sein, haben wir alle im Jagdkurs gelernt. Auch, dass neben der Nutzung in Eigenregie und ein paar Sonderkonstellationen die Verpachtung die mit Abstand am häufigsten vorkommende Nutzungsart ist, wurde ausführlich besprochen.

In der Regel NICHT Bestandteil der Ausbildung war, worauf es wirklich ankommt, wenn es ernst wird, woher wichtige Informationen zu bekommen sind und was im Detail so alles beachtet werden sollte. Dazu bietet das folgende Kapitel einen Einstieg und eine Hilfestellung.

Generelles zum Pachtvertrag

Der Jagdpachtvertrag ist eine Rechtspacht. Der Pächter ist „jagdausübungsberechtigt". Das heißt er hat (nur) das Recht, etwas tun oder lassen zu können. Jagdpacht hat zunächst nichts mit Eigentum oder Besitz (im umgangssprachlichen Sinne) zu tun. Es wird kaum zur Festigung freundschaftlicher Beziehungen beitragen, wenn ein Pächter glaubt, er könne eine Kanzel im Wald dadurch aufwerten, dass er munter eine hundert Meter lange Schneise in den Wirtschaftswald schlägt. Allein aus dem Pachtvertrag darf er das, was er vorfindet, nicht ohne weiteres verändern. Er darf die Jagd ausüben und sich die Beute aneignen = Eigentum begründen.

Dazu darf er einige jagdliche Einrichtungen einfach so, andere nach Absprache aufstellen. Das war's erst einmal auf der „dürfen"-Seite.

Auf der „müssen"-Seite stehen die Hegepflicht, bestimmtes Verhalten in Notzeiten, bei Seuchen, Einhaltung von Vorgaben wie Abschusspläne, Gehörnschau, und – Dreh- und Angelpunkt – die Pachtzinszahlung und Wildschadenverhütung beziehungsweise -ersatz.

Der Pachtvertrag ist gesetzlich den Regelungen des Mietrechts angelehnt. Wenn man sich vor Augen führt, wie vernünftig mit einer Mietwohnung umgegangen werden sollte, hat man schon einen ziemlich guten Eindruck davon, was in einem Pachtvertrag wichtig wird.

Worauf kommt es (Ihnen) an?

Wohlfühlen ist alles. Zuerst sollte natürlich das Revier zum Pächter passen. Was dazu gehört, muss jeder für sich selbst entscheiden. In einem zweiten Blick lohnt sich ein Augenmerk auf die Details – das „Kleingedruckte". Mit einem Pachtvertrag gehen Sie eine langfristige Verpflichtung ein.

Die Voraussetzungen von heute sind nicht automatisch auch die von morgen. Durch das Urteil des Europäischen Gerichtshofes für Menschenrechte (EGMR) im Juni 2012 wurde erstmals am Grundsatz der flächendeckenden Bejagung gerüttelt. Das Bundesjagdgesetz wird geändert werden. Der eingereichte Gesetzesentwurf sieht die Möglichkeit für den Eigentümers vor, sein Grundstück zum befriedeten Bezirk erklären zu lassen. Ein Jagdausübungsrecht auf diesen (jagdlichen) Flächen hat der Pächter dann nicht mehr.

Die Energiewende und das Energieeinspeisegesetz, die zu einem Boom bestimmter Nutzpflanzen geführt haben und der steigende Preisdruck in der Land- und Forstwirtschaft, werden auch weiter die Jagd beeinflussen und verändern.

Das einmal vereinbarte Verhältnis von Leistung und Gegenleistung kann durch solche Veränderungen zu Lasten des Pächters ausgehebelt werden. Die Umwandlung von Flächen kann gravierende Auswirkungen auf den vorhandenen Wildbestand haben. Die Pachtzahlungen hingegen bleiben gleich. Gleiches kann für den Bau von Straßen, Schienenwegen oder die Ausweisung von Baugebieten gelten.

Eine Reihe von Vorüberlegungen helfen, Risiken begrenzen zu können oder zumindest die Grundlage einer bewussten Entscheidung für das eigene Revier zu schaffen.

Welche Veränderungen der land- oder forstwirtschaftlichen Bewirtschaftung der Revierflächen sind in der jüngeren Vergangenheit eingetreten? Welche sind absehbar oder können erwartet werden? Mit diesen Überlegungen kommen Sie zu der Frage, inwieweit die Anlage von Wildäckern, Verbissgehölzen und Suhlen oder ähnliches für Sie als Pächter überhaupt möglich ist.

Damit einher geht, dass das tatsächliche Vorkommen des behaupteten Wildes für Sie unzweifelhaft ist. Das ist keineswegs selbstverständlich. Diese Frage hat schon zu etlichen Gerichtsprozessen geführt.

Auch in diesen Zusammenhang gehört die Überlegung, ob es möglich ist, Mitwirkungs- oder Schadensminderungspflichten vertraglich vereinbaren zu können. Übrigens: Die Beweislast für Veränderungen im Revier liegt beim Jagdpächter. Dies ist für den Fall einer Vertragsanpassung praktisch bedeutsam. Sie müssen die Voraussetzungen beweisen, wenn Sie eine Vertragsanpassung gerichtlich durchsetzen wollen oder müssen.

Welche Veränderungen in der Raumordnung sind absehbar, geplant oder genehmigt? Der Bau eines Windparks im Wald? Wie viel bejagbare Fläche bleibt übrig? Ist dann die Mindestgröße unterschritten? Sind sonstige Einschränkungen zu erwarten? Zum Beispiel die Ausweisung eines Naturschutzgebietes?

Achtung vor der Kostenfalle!

Wie wollen Sie mit den Kosten für Wildschäden umgehen? Während früher die Verpächter mehrheitlich die Regelungen bestimmen konnten, hat sich das Bild heute geändert. Das Thema „Schalenwild und Wald" füllt mittlerweile Bücher (auch Teile dieses Werkes) und erhitzt zunehmend die Gemüter! Was können und wollen Sie tragen?

Die Verwaltungskosten bei Wildschadensverfahren sind in vielen

Sie gelten als Unternehmer. Bei einer Gesellschaftsjagd haben Sie „Angestellte" im berufsgenossenschaftlichen Sinn, Sie haften zudem für das Tun von Jagdhelfern, ggf. auch von Jagdgästen.

Bundesländern, zum Beispiel in Bayern, nicht gesetzlich geregelt. Dann steht die Entscheidung meist im Ermessen der zuständigen Stelle (Bürgermeister). Hier können weitere „Revierkosten" auf Sie zukommen (siehe dazu auch das folgende Kapitel!).

Einen Gedanken wert ist auch die vertragliche Festlegung von Schadenschätzmethoden wert. Es gibt mehrere Methoden, die sich in Qualität und Kosten unterscheiden. Dazu zählt die praktische Schadenabwicklung. Neben dem zu erwartenden Pachtzins und dem dazu möglichen Wildschadensbetrag empfiehlt es sich, sich einen Überblick über weitere Kosten zu verschaffen (s. nächstes Kapitel). Nachfolgend einige Denkanstöße zum großen Bereich „Kosten".

Jagdsteuer, Umsatz-Steuer für den Pachtzins, Kosten für die Berufsgenossenschaft (Sie gelten als Unternehmer, bei einer Gesellschaftsjagd haben Sie „Angestellte" im berufsgenossenschaftlichen Sinn). Manchmal verlangt der Verpächter zur Absicherung des Pachtzinses eine Bankbürgschaft. Auch dafür zahlen Sie eine Gebühr.

Neben dem Wildschaden hat der Bereich Haftung weitere Aspekte: Bei mehreren Pächtern gelten Sie als Gesellschaft bürgerlichen Rechts (GbR). Alle Pächter haften gesamtschuldnerisch. Das heißt Sie allein können von einem Dritten auf den ganzen Schaden in Anspruch genommen werden; wie Sie das Geld von Ihren Mitpächtern wieder bekommen, ist dann allein Ihre Angelegenheit.

Sie haften für das Tun von Jagdaufsehern und Jagdhelfern, eventuell auch von Jagdgästen. Sie haften bei der Übernahme von jagdlichen Einrichtungen. Denken Sie auch an die umfangreichen gesetzlichen Bestimmungen und Vorschriften. In einigen Bundesländern existieren Begrenzungen für die Ausgabe von Jagderlaubnisscheinen.

Der Pachtvertrag

Dem Pachtvertrag sollten Sie etwas Aufmerksamkeit widmen. Er ist die Grundlage dafür, wie sich Ihre neun oder zwölf Jahre in Ihrem Revier gestalten und ob Sie hinsichtlich möglicher Kosten die kommenden Jahre ruhig schlafen können. Musterverträge finden Sie an vielen Stellen im Internet. Teilweise sind auf diesen Seiten auch erläuternde Hinweise enthalten. Kernthemen Ihres neuen Pachtvertrages sollten diese Themenbereiche sein:

1. Regelung der Wildschadenersatzpflicht
2. Möglichkeit der Anpassung / Reduzierung des Pachtzinses und
3. Begrenzung / Aufteilung der Kosten der Wildschadensverhütung.

Googeln Sie bitte einmal Jagdpachtvertrag + Muster oder Jagdpachtvertrag + Muster + Waldreviere – es lohnt sich.

Muster-Pachtverträge

Im Internet werden viele Vertragsmuster angeboten. Einen ersten Eindruck können Sie sich zum Beispiel unter folgenden Links verschaffen:

- LJV.BW: Hinweise zum Jagdpachtvertrag
- Muster-Jagdpachtvertrag für Waldreviere oder Reviere mit hohem Waldanteil in Nordrhein-Westfalen: https://www.umwelt.nrw.de/naturschutz/jagd/jagdpachtvertraege/index.php
- Gemeinde und Städtebund Rheinland-Pfalz. Der neue Muster-Jagdpachtvertrag behält bewährte Grundelemente weitgehend bei. Die Neuregelungen betreffen insbesondere die Jagderlaubnisscheine (§ 6), die Verhütung von Waldwildschäden (§ 8)... www.gstb-rlp.de/gstbrp/Forsten%20und%20Jagd/Jagdgenossenschaften/Muster%20und%20Vorlagen/Muster-Jagdpachtvertrag/

Teilweise sind auf diesen Seiten auch erläuternde Hinweise enthalten.

Jagdlust statt Finanzfrust

Von Peter Burkhardt

Es ist Freitag in der Früh, morgen ist unser Drückjagdtermin! Die Vorfreude steigt, einen unserer Gäste aus der Region treffe ich gerade an der Tankstelle, wo ich reichlich Diesel in den alten Pickup laufen lasse. „Wir sehen uns dann um 8.00 Uhr und ich bringe gutes Wetter mit", ruft mir der Jagdgast freundlich zu und fährt davon. Gute Idee, denn bisher ist der Dezember eine einzige Waschküche mit Dauerregen und Temperaturen um Null Grad. Nach dem Bezahlen drücke ich den Kilometerzähler auf Null, los geht's zur Rundfahrt ums Revier.

Wege versehe ich mit Trassierbändern, Schilder kommen dazu und ein Hinweis auf die Drückjagd und die Dauer der Sperrung. Diese Mühen haben sich immer gelohnt, dank freundlicher Ansprache auf den Zetteln am Weg und der Bitte, doch für diese drei Stunden den Wald zu meiden, hatten wir bisher keine (Sicherheits-)Probleme mit der Bevölkerung. Alles ist vorbereitet, der Samstag kann kommen.

Am Drückjagdtag selbst werden mit dem Pickup Gäste abgesetzt und nach Ende der Jagd auch Wild geborgen. Nachmittags rücke ich noch zu einer Nachsuche aus, danach hole ich einen anderen Nachsuchenführer, seinen Hund sowie die von den beiden ausgearbeitete Sau an der Reviergrenze ab. Mit ihnen umrunden wir ein weiters Mal das Revier, um schnell alle Bänder und Schilder abzubauen. Am Sonntag fahren wir in drei Touren Wild auf dem Pickup in die Kühlung und die ersten Aufbrüche danach in den Busch.

Mein Blick fällt zwischendurch zufällig auf den Kilometerzähler. Unfassbar! Es sind jetzt schon über 150 Kilometer zusammengekommen. Ich bin doch nur kleinräumig gefahren. Dennoch kam Kilometer um Kilometer zusammen ...

Dies ist nur ein Beispiel für zahlreiche, schwer zu kalkulierende Kosten des Jagdbetriebs, die wir – und sicherlich auch andere Revierinhaber – so vorab nicht mit eingerechnet hatten. Die Kosten für eine Jagdpacht oder einen Begehungsschein sind festgelegt, die Entfernung von daheim ins Revier ebenso eine feste Größe. Vieles andere im laufenden Jagdbetrieb hingegen nicht! Diese zusätzlichen Kosten werden häufig massiv unterschätzt.

Kostenfaktor Reviereinrichtungen

Ein Sprung in den März: Schon mit Beginn einer Revierübernahme steht vielerorts die Frage an, ob bestehende Reviereinrichtungen vom Vorgänger übernommen werden können. Hier fällt unter Umständen der erste große Posten an. Entschließe ich mich, eigene Kanzeln und Leitern oder ähnliches errichten zu wollen, schlägt deren Neubau gleich zu Beginn oft mit einer größeren Summe zu Buche.

Müssen oder wollen Sie Sie Reviereinrichtungen übernehmen oder denken Sie über verschiedene Neubauten nach?

Salzlecksteine, Buchenholzteer, Nägel, Motorsäge – die Kosten summieren sich.

Beispiel: Sie haben einen Abschlag für Kanzeln bezahlt, stellen aber fest, dass Ihr Vorgänger keinerlei Drückjagdböcke installiert hatte?

Also verschaffen Sie sich im Internet bei verschiedenen Herstellern einen Überblick, was beispielsweise zehn neue Drückjagdböcke nebst Anlieferung kosten. Das eine Modell sagt Ihnen zu – und auf welche Endsumme kommen Sie dann? Sind diese Kosten in Ihrem Budget noch einkalkuliert?

Der Kelch mit den Reviereinrichtungen ist wie von Zauberhand an Ihnen vorbeigegangen? Dann lassen Sie uns einen Blick auf den alltäglichen Jagdbetrieb werfen: Einige Salzlecken finden sich im Revier, dafür müssen neue Lecksteine beschafft werden. Zwei Suhlen sind schon da, hier wäre eine Reinigung von Nöten, außerdem brauchen Sie Buchenholzteer. Die Fahrt zum Landhandel betrug zehn Kilometer in jede Richtung, die Tour durchs Revier nahm weitere Kilometer in Anspruch. Mitgerechnet?

Kostenpunkt Revierausstattung

Auch wäre es wünschenswert eine weitere Suhle anzulegen. Ein Anruf beim Landwirt im Ort war schnell getätigt und er legte am folgenden Wochenende eine neue Suhle an. Das bedeutete keinen großen Zeit- und Maschinenaufwand, dennoch dauerte es mit dem Traktor und Frontlader drei Stunden, bis der Bauer wieder auf seinem Hof war. Was hat er Ihnen dafür in Rechnung gestellt?

Im Zuge der Suhlenanlage kamen Sie mit dem Landwirt überein, dass er die von Ihnen geplanten vier

Ohne eigenes Revier hätte selbst die Anschaffung des lang ersehnten Vierbeiners länger gedauert.

Wildäcker anlegen soll. Im Internet oder beim Landhandel bestellen Sie schon einmal Saatgut. Einige Tage später sehen Sie, dass Ihr Bauer die Flächen schon mit der Egge bearbeitet hat. Im zweiten Schritt brachte er Dünger aus, dann holte er das von Ihnen gekaufte Saatgut bei Ihnen ab und drillte die Wildackermischung ein. Hier machen wir einen Schnitt: Welche Summen weist Ihr Reviertagebuch für die drei Arbeitseinsätze des Landwirts und das Saatgut aus?

Die Liste der „verdeckten" Jagdbetriebskosten ließe sich mit vielen weiteren Beispielen verlängern. Wenn Sie ehrlich zu sich sind, müssten Sie selbst den Jagdhund mit einrechnen, den Sie sich – es war schon immer Ihr Traum – nach der Übernahme Ihres Jagdreviers zugelegt haben. Was kosteten insgesamt die Fahrten zum Hundeausbildungskurs Ihrer Jägerschaft, was das Futter für Ihren Vierbeiner, ist er versichert? Sicherlich, die Kinder drängelten schon lange, ein Hund für die Familie war eigentlich auch in Planung, aber erst das Revier brachte Ihnen die Zuversicht, einen Jagdhund auch auslasten zu können. Daher wurde es letztlich auch nicht der Dalmatiner, sondern ein Rauhaarteckel, ein Drahthaar oder ein Kleiner Münsterländer.

Kostenfaktor Wildschäden

Die bedenklichste „Black-Box" Ihrer Aufwendungen für die Jagd sind aber die Wildschäden in gemischten Feld-Waldrevieren. Mehrere Jahre ging alles gut, dann fielen aber doch XYZ Euro für die Schwarzwildschäden an. Warum ging es mehrere Jahre gut? Sie haben Weidezaungeräte gekauft und Maisschläge gezäunt. Da wurde verstänkert, angesessen, frei geschnitten, aufgebaut, abgebaut, abgefährtet, Zäune wieder umgesetzt. Haben Sie schon aufaddiert, wie viele Kilometer Sie allein dafür verfahren haben? Zu welchem Preis haben Sie gerade heute wieder getankt?

Kaum mitgerechnet werden vielfach die Kosten für Unterkünfte, wenn das Revier weit von zu Hause weg liegt und eine dauerhafte Bleibe in Reviernähe fehlt. Sie gehö-

Nur eine landwirtschaftliche Fläche in Ihrem Waldrevier kann Ihnen schlaflose Nächte bereiten. Urplötzlich überall entstehende Forstkulturen (Waldwildschäden!) ohne Zaun ebenso.

Auf Veränderungen reagieren können

Von Rechtsanwalt Stefan Bruns

Der Gesetzgeber hat es als angemessen angesehen, dass der Pächter überhaupt nicht für den Wildschaden aufkommen muss. Die Ersatzpflicht obliegt der Genossenschaft bzw. dem Eigenjagdbesitzer. Eine Abwälzung auf den Pächter muss daher vertraglich vereinbart werden. In älteren Pachtverträgen wurde die Ersatzpflicht meist zu 100 Protent und ohne Begrenzung auf den Pächter übertragen. Diese Regelung ist nicht mehr zeitgemäß. Die Veränderungen in der Land- und Forstwirtschaft haben es mit sich gebracht, dass mancherorts der Wildschaden nicht mehr kalkulierbar ist. In Einzelfällen hat der Wildschaden Pächter bereits in die Privatinsolvenz getrieben. Es gibt mehrere vertragliche Möglichkeiten, dem Problem Herr zu werden.

Die für den Pächter berechenbarste ist eine Deckelung des Betrages. Vereinbart wird, dass der Pächter Wildschaden nur bis zu einer Höhe des Betrages X zu zahlen hat. Im Waldrevier oft üblich: Eine Quasi-Deckelung ist auch die Erhöhung des Pachtzinses um eine fiktive Summe X, mit der Wildschäden abgegolten werden sollen. Nachteil einer solchen Regelung ist, dass der Pächter auch dann für Wildschäden bezahlt, wenn diese gar nicht eingetreten sind.

Ist eine Deckelung nicht zu vereinbaren, kommt eine prozentuale Aufteilung in Betracht. Vereinbart wird, dass der jeweilige Wildschaden nur zu einem prozentualen Anteil vom Pächter übernommen wird. Das ist zwar schon eine Erleichterung im Vergleich zu früheren Verträgen, birgt aber immer noch für Sie als Pächter die Gefahr, dass die absolute Höhe Ihrer Ersatzpflicht nicht kalkulierbar ist. Eine etwas radikalere, aber selten umgesetzte Möglichkeit ist die Vereinbarung eines Kündigungsrechts für den Fall, dass der zu ersetzende Wildschaden eine bestimmte Höhe erreicht. Im Grunde entspricht das nicht dem Wesen eines Pachtvertrages. Andererseits ist es eine Variante, die Ihnen gleich für mehrere gravierende Veränderungen in Ihrem Revier eine Exit-Strategie eröffnet.

In den allermeisten Fällen wird der einmal vereinbarte Pachtzins als Fixum während der Laufzeit eines Pachtvertrages angesehen. Gelegentlich finden sich auch hier, ähnlich wie bei Mietverträgen, Preisanpassungsklauseln nach oben.

Vertragsrechtlich bestehen andersherum keine Bedenken dagegen, Vereinbarungen zu treffen, die es dem Pächter unter bestimmten Bedingungen ermöglichen, eine Reduzierung des Pachtzinses durchzusetzen. Die Möglichkeiten sind vielfältig. Viele Veränderungen haben in der Regel deutliche Auswirkungen auf die Situation des Wildvorkommens (Forstgatter/Straßen), die bei Vertragsschluss anders vorlagen und die der Pächter als Gegenleistung seiner Pachtzinszahlung zu Grunde gelegt hat. Kein Einzelfall: Zu Antritt Ihrer Pacht waren Rot- und Damspießer noch frei, IIb-Damhirsche ebenso – dann beschloss der Hochwildring, diese Hirsche zu schonen. Kein Mieter wird fröhlich weiter seine Garage bezahlen, wenn daraus plötzlich ein Kinderspielplatz gemacht wird, ihm Teile seines Wohnzimmers gesperrt oder ihm, wie im zuletzt geschilderten Fall, Teilnutzungen (eingeschränkte Freigaben) plötzlich entzogen werden.

ren zu den wenigen Glücklichen, die eine eigene Jagdhütte oder ein eigenes Zimmer im Dorf haben? Was kostet die Unterhaltung der Hütte, was die Miete des Zimmers? Haben Sie im ersten Fall zusammengezählt, was Sie an den Wochenenden dem Pensionsinhaber bezahlen mussten?

Noch mal: Vielfach werden die Kosten des laufenden Jagdbetriebes erheblich unterschätzt. Selbst bei weniger großen Anschaffungen, als den zuvor skizzierten, kommen laufende Kosten auf Sie zu. Darunter fallen folgende Beispiel: Ein Wildträger für das Auto musste her, zwei große Fliegennetze für das hängende Wild, einen Wasserkanister besaßen Sie auch nicht, ebenso wenig die Hartplastikschale für den Kofferraum. Durch die vermehrter Jagdpraxis im Revier folgten alsbald vier Schilder „Vorsicht Jagdbetrieb!“, drei Kastenfallen und ein kleines Monatssalär für einen Jagdaufseher vor Ort ...

Kosten refinanzieren?

Schon machen Sie sich Gedanken, ob man Teile der Jagdbetriebskosten nicht refinanzieren könnte. Diese Überlegungen hatten schon viele Waidmänner vor Ihnen – und beschritten oft Irrwege! Der eine versuchte, durch Vergabe von Abschüssen Geld wieder hereinzuspielen. Um aber den einen oder anderen Hirsch „verfügbar“ zu haben, wurden zum Teil fragwürdige Fütterungspraktiken eingesetzt. Wir lassen die Frage offen, ob diese Verkäufe rechtlich zulässig waren, und schauen uns wieder nur die Kostenseite an: Die Aufwendungen für das ständige „Kirren“, der Diesel und vieles mehr fraßen, bei ehrlicher Betrachtung, viele der zuvor generierten Einnahmen auf. Außerdem verdarb der Dauerdruck, Hirsche verkaufen zu müssen, die gelöste Stimmung im Revier. Eine Nummer kleiner versuchte sich ein anderer Revierpächter, der über die Jagdpresse Schützenstände bei Drückjagden verkaufte. Auch er wurde letztendlich nicht glücklich.

Wäre Wildbretverkauf eine gute Idee? Sollten Sie diesen Weg beschreiten wollen, fragen Sie sich, ob Sie einen Absatzmarkt dafür haben. Wie viel Wild und welches fällt vorhersehbar in Ihrem Jagdbezirk an? Wie wollen Sie das Wild veräußern? In der Decke oder im Stück? Zu welchem Preis können Sie es absetzen? Sie möchten, da so höhere Einnahmen zu erzielen wären, das Wild zerlegt veräußern? Haben Sie eine Kühlzelle (Kosten?)? Wer schlägt das Wild aus der Decke und zerwirkt es fachgerecht? Sie etwa? Oder brauchen Sie dafür einen kostenpflichtigen Helfer? Und ganz wichtig: Erfüllen Sie alle veterinärmedizinischen Auflagen? Und welche Summe schlägt zu Buche, diese zu erfüllen?

Da stellt sich die Frage, ob ein Begehungsscheininhaber oder ein Mitpächter eine Lösung wäre. Über diesen Ansatz sowie diverse menschliche Wendungen, Freuden und Enttäuschungen, die so ein Modell mit sich bringt, könnte man ganze Bücher schreiben. Wie viele Jäger jagen glücklich miteinander – und wie viele haben sich deswegen schon zerstritten? Jeder Mitjäger hat eigene Ideen, jagdliche Vorstellungen, was „gut" und „richtig" wäre sowie ganz individuelle jagdliche Träume. Hier kann viel Positives entstehen, aber auch viel Unruhe Stiftendes, ja, Zerstörerisches. Wie viele beste Freunde haben sich über die Jagd endgültig entzweit, bloß weil einer drei statt zwei Böcke schoss oder der andere einen Hirsch mit einem albernen Ende zuviel? Wenn Sie fremde Personen gegen Geld mit aufnehmen wollen, wählen Sie Ihren Mitjäger mit Bedacht aus! Mein Tipp: Jagen Sie zunächst in einer Art Probezeit zusammen. So lässt sich dann besser beurteilen, ob die Chemie passt.

Dies waren nur wenige Hinweise zu möglichen Kostenfaktoren, die Revierinhaber gerne übersehen. Es wird deutlich, dass die Wege einer Refinanzierung oft steinig sind. Kalkulieren Sie alle Kosten großzügig, bestmöglich und ehrlich mit ein. Ein Revier muss von Ihnen oder gemeinsam mit Partnern getragen werden können. Bauen Sie daher bitte nie im Vorfeld einer Revierkalkulation die Pacht auf einem Refinanzierungsmodell auf. Fast alle dieser Strategien, so meine Erfahrungen aus vielen Gesprächen in über 25 Jahren, sind gescheitert!

Wenn die Jagdbetriebskosten überhand nehmen, strahlen Ihre Sorgen und Nöte in Ihre Familie und Ihren Beruf aus. Lassen Sie es nicht soweit kommen, dass Sie keine Freude mehr an Ihrem Revier haben oder gar an der Jagd selbst verlieren.

Der Jagdmonat April

STOLL

Der Jagdmonat April

Von Peter Burkhardt

Der April ist ein guter „Inventurmonat". Durch die länger werdenden Tage und die zunehmende Aktivität des Wildes, lassen sich jetzt viele Beobachtungen machen.

Im Frühjahr verwandelt sich das Revier in eine große Kinderstube. Jetzt ist der Heger gefordert, für Ruhe im Revier zu sorgen. Doch durch verstärkte Freizeitaktivitäten aufgrund des angenehmen Wetters drängen nun auch vermehrt Menschen in die Reviere. Wer es jetzt versteht, geschickt die Besucher zu lenken, erreicht viel für sein Wild. Manchmal reichen schon ein bis zwei junge, trockene Bäumchen, die über den Weg gelegt werden, um Spaziergängern diesen zu verleiden. Ist der Weg nicht mehr problemlos einseh- und passierbar, wird er vielfach gemieden, denn kaum jemand macht sich die Mühe, die Bäumchen wegzuräumen.

Wie sieht es im April bei uns aus? Für morgen ist wieder eine Lieferung von Sträuchern und Wildobst-Heistern angesagt. Mit ihnen ergänzen wir Waldwiesen, -innenränder und breitere Wege. Hinsichtlich der Sträucher bleibt alles beim Alten, das heißt bewährte Sorten wie Brombeeren, Schlehen, Wildäpfel und Holunderbüsche kommen wieder zum Einsatz. Bei den Obstbaum-Heistern haben wir uns beraten lassen, ein Streuobstverein in der Region war kompetenter Ansprechpartner. Wir entschieden uns für die Anpflanzung alter Sorten. Flankiert wird das Sortiment von einigen Ebereschen und Spitzahörnern an den Waldwegen. Jeder Baum erhält aber unbedingt eine Schutzmanschette gegen Fege-, Schäl- und Schlagschäden! Ja, das geht nur für unsere Hobbypflanzungen, kein Forstbetrieb kann sich so etwas dauerhaft leisten, aber wir sind ja nicht die Förstersleut, sondern möchten unser Revier mit hiesigen Bordmitteln weiter verbessern. Selbstverständlich haben wir uns im Forstamt eine Erlaubnis eingeholt, ebenso selbstverständlich wurde diese erteilt.

Fazit: Später einmal werden viele Arten – von der Hornisse bis zum Hirsch – von den Blüten und den Früchten profitieren. In manchen Waldrevieren, unser Revier ist ein gutes Beispiel dafür, fällt es dem Wild selbst im Frühjahr und Sommer schwer, ausreichend Nahrung zu finden. Der Waldumbau ist in vollem Gange, dennoch finden sich vielfach noch nadelholz-dominierte Wälder, die (noch) wenig Äsung bieten. In Absprache mit dem Grundeigentümer versuchen wir also Flächen für die Sommeräsung zu finden.

In unserem Revier haben wir verschiedene Obst- und Laubbäume an Waldinnenrändern, -wegen und Wiesen gepflanzt.

Buchweizen, unregelmäßig Raps, Schwarzhafer, Waldstaudenroggen, Weidel- und Knaulgras – das sind nur einige Beispiele für Wildackerpflanzen, die sich bei uns bewähren konnten. Dem Schaufler gegenüber schmeckt's ...

Das Wild dankt Ihnen durch vermehrte Annahme dieser Flächen. Der Waldbesitzer/Förster dankt, dass Sie Ihr Schalenwild von neu gepflanzten (Laub-)Bäumen ablenken, ist doch gerade der Waldumbau hin zu mehr Mischwald in vollem Gange. Selbst in das Feldrevier können Ihre Maßnahmen ausstrahlen. Das Wild zieht immer später und / oder weniger in die angrenzenden landwirtschaftlichen Kulturen und verursacht weniger Wildschäden im Feld. Erhöhen Sie bitte (in gemischten Feld-Wald-Revieren) diesen Effekt noch, indem Sie im Wald weitestgehend Ruhe lassen, im Feld aber unnachgiebig jagen. Sitzen Sie bitte an der Fläche mit den Grünlandschäden an. Jagen Sie dort, wo der Roggen (nach Maisanbau) jetzt, im wieder frostfreien Boden, von den Schwarzkitteln umgedreht wird.

Auch in reinen Waldrevieren lohnt sich die Ruhe an den Äsungsflächen

– denken Sie noch einmal an den Herrn Förster. Verabreden Sie sich zur Begehung (siehe Revierkalender März diesen Jahres)! Von ihm bekamen Sie auch im Gespräch mit, was früher schon zu Zeiten seines Vaters in diesem Waldrevier als äsungsverbessernde Maßnahme ausgesät worden ist: Försterkorn (Waldstaudenroggen), Weißklee, Buchweizen … Orientieren Sie sich bitte daran.

Denn mit weitaus einfacheren Mitteln als heute ist es gelungen, etwas für das Wild zu tun. Wir müssen daher nicht das Rad neu erfinden, hier lohnt sich die Orientierung an unseren Vorgängern.

Auf dem Rückweg vom zweiten Plausch mit dem Förster entdecken Sie wieder frische Fegestellen. Der April ist sicherlich, gestatten Sie mir das Wortkonstrukt, der Hauptfegemonat des Rehwildes. Jetzt gewinnen Sie Erkenntnisse über neue Einstände oder alt bewährte Plätze. Beobachten Sie, notieren Sie und ziehen Sie Ihre Schlüsse daraus. Machen Sie sich schon einmal Gedanken, wo sich ein Ansitz lohnt (siehe nachstehenden Beitrag).

12:08 PM
BURKHARDT

14°C
06:32 AM
BUR

Wieder eine neue Fegestelle, prominent am Waldweg. Wer ist denn hier Herr im Haus?

Gegenüberliegende Seite: Ein Salzleckstein, vier Schalenwildarten. Zweifelt noch jemand an der Lockwirkung dieser Einrichtung?

Wir erneuern im April auch die Salzlecksteine. Immer dort, wo sich in der direkten Nachbarschaft Wasser findet (und nur dort), sind sie gut aufgestellt. Unsere Wildkameras belegen eindrucksvoll, wie intensiv diese Stellen frequentiert werden. Rot- und Damtiere sowie hoch beschlagene Ricken (Schwangerschaft zehrt am Körper!) erscheinen dort regelmäßig, Kolbenhirsche und Böcke (Geweihbildung, Fegen, Haarwechsel) ebenso. Selbst kleinste Kitze und Kälber nehmen bereits aktiv Salz beziehungsweise Mineralien auf. Bis zum Moment des Fegens versuchen auch die Böcke noch mit dem Salz zusätzliche Mineralien aufzunehmen, desgleichen die Hirsche, die noch mitten im Schieben begriffen sind.

Apropos Böcke und Fegen: Neue Fegestellen belegen, wo einer der

Seit der Bejagungsschwerpunkt in die Umgebung der viel befahrenen Bundesstraße gelegt wurde, sind die Fallwildzahlen zurückgegangen. Hier wird kein Bock „alt und reif". Foto: Katrin Burkhardt

Herren sein Territorium abgesteckt hat. Weithin sichtbar leuchten blanke Büsche und Stämmchen. Hier werden wir öfter vorbeischauen, bis wir bestätigt haben, wer der neue oder auch alte Herr im Haus ist. Das männliche Rehwild beschäftigt die Jäger ohnehin maßgeblich im April. Jetzt wird bestätigt und angesprochen, verglichen und notiert: Wo finden sich Fegestellen? Wo stehen bereits verfegte Böcke? Ob der abnorme Bock im Mai noch immer im Wiesengrund steht?

Mit dem dünnstangigen Spießer, dem nur die kleine, trostlose Kiefernpartie hinter dem Dorf als Einstand blieb, soll der Abschuss der Rehböcke begonnen werden. Danach folgt der junge Sechser an der Bundesstraße! Warum der? Könnte der nicht alt werden?

Seit der Bejagungsschwerpunkt in die Umgebung der viel befahrenen Bundesstraße gelegt wurde, sind die Fallwildzahlen drastisch zurückgegangen. Hier wird intensiv gejagt und nicht pingelig nach kleinen Sprossen und Vereckungen geschaut. Autos jagen auch nicht selektiv und das Wild, das Jahr für Jahr von der Straße gesammelt werden durfte, hatte niemandem mehr genützt. Wir haben außerdem das Wild lieber in der Pfanne als im Straßengraben.

Trennendes und Gemeinsames

Während unsere Rehe im April von großer Mobilität erfasst werden, herrscht bei Rot- und Damwild Ruhe und Gelassenheit. Die Tiere haben noch lange nicht gesetzt, die Spießer werfen noch oder schon ab, und die älteren Herren sind mit Zellteilung beschäftigt: Die Hirsche schieben jetzt mit Macht ihr Kolbengeweih. Rangstreitereien, wenn sie denn überhaupt in dieser Zeit großer Gelassenheit vorkommen, werden mit den Vorderläufen ausgetragen. Für einige ältere Hirsche ist selbst das zu viel. Allein, mit einem Adjutanten oder in sehr kleinen Verbänden, sondern sie sich ab. In den ruhigen Ecken des Reviers versuchen sie, die Folgen des Winters auszugleichen und äsen, was der Pansen gerade noch fasst. Jetzt muss ein Großteil der Energie „über sein" und vom Körper selbst nicht gebraucht werden, damit der Hirsch sie in das „Luxusorgan Geweih" einlagern kann. Für uns zeigt die Geweihentwicklung und -stärke, wie es um die Versorgungslage und das Nahrungsangebot des Wildes im Revier bestellt ist – mehr nicht.

Auch unser Schwarzwild zerfällt in diesem Monat in eine Dreiklassen-Gesellschaft. Viele Bachen haben gefrischt und sich wieder mit ihren Frischlingen zu Familienrotten zusammengeschlossen. Auch die Überläufer des letzten Jahres dürfen die Mutter wieder begleiten. Andere Überläufer bilden hingegen eigene kleine Verbände. Sie ziehen unstet und führungslos umher. Die Dreiklassen-Gesellschaft komplettieren die alten Keiler, oder besser die älteren Keiler, denn richtig alte Bassen gibt es nur sehr selten. Diese scheinbar ganzjährig mürrischen Senioren holen derzeit durch Nahrung auf, was Rauschzeit und Winter ihnen abverlangt haben.

Genutzte und vergebene Chancen

In diesem Jahr planen wir erneut die Bildung einer „Einkaufsgemeinschaft". Beim Treffen der Hochwildhegegemeinschaft haben über 15 Reviere erneut signalisiert, dass sie bereit wären, gemeinsam Drückjagdböcke bei einem lokalen Anbieter zu bestellen. Der würde seine Ansitzböcke daraufhin mit Rabatt versehen. Ob dieses Modell auch auf andere Dinge übertragbar ist?

Die Vorstellung, gemeinschaftlich und revierübergreifend beispielsweise Dünger, Saatgut, Aufbrechhandschuhe und Buchenholzteer zu beziehen, klingt verlockend. Die Idee, einer flächendeckenden Wildfolgevereinbarung fand leider keine Liebhaber. Zu groß ist wohl die Angst, dass etwas (was eigentlich?) im eigenen Revier vom vermeintlich bösen Nachbarn ausgespäht werden könnte. Schade, hier wurde eine große Chance vertan ...

Wo wir doch gerade beim Aufräumen, Chancen und Inventurmachen sind: Die Suhlen, wieder voller Äste, werden gereinigt und durch neue Salzlecksteine ergänzt. Der eine oder andere Pirschpfad verdient seinen Namen auch nicht mehr, es muss nachgebessert werden. Neue Sprossen bauen, Kanzelfüße überprüfen, Luken ölen und endlich eine neue Anlehnleiter an der Müllerschen Wiese errichten. Der Werkzeugkasten ist unser ständiger Begleiter. „Buchenholzteer einkaufen" steht auf dem kleinen gelben Zettel, der vorne im Wagen klebt, und darunter „2 Pakete 100ter Nägel" sowie „3 Ondulineplatten". So erzählen diese Notizen eine ganze jagdbetriebliche Geschichte im Monat April.

Einige Tage später geht es wieder ins Revier. Hier finden sich frische Fährten auf dem Waldweg, auch im Wald sind neue Fegestellen zu entdecken, einen Hirsch im Bast machen wir hoch als wir die letzte Suhle inspiziert und Buchenholzteer an die Bäume gebracht haben. An anderer Stelle kommen Harken bei der Pflege der Pirschsteige zum Einsatz. Auch dieser April hat wieder etwas von Frühjahrsputz und Aufbruchstimmung.

Altes pflegen, Neues entdecken

Doch nicht nur wir sind unterwegs. Horcht man im April in die Reviere hinein, hört man vielerorts eifriges Hämmern und Sägen – der April ist und bleibt einer der Bastelmonate der Jäger. Jetzt ist die Gelegenheit, Reviereinrichtungen zu überarbeiten oder neue zu errichten. In unserem Revier sind wir diesbezüglich schon gut aufgestellt, aber unsere

Die alte, umgesägte Kanzel vorne rechts musste weichen, die neue Reviereinrichtung steht schon bereit.

Revierinventur dient im April auch dazu, neue Ansitzmöglichkeiten auszuloten. Es lohnt sich häufig nicht, gleich eine Kanzel zu bauen. Wir helfen uns zunächst mit Tarnnetzschirmen und einfachen Anlehnleitern weiter. Bewähren sich die Orte, die wir ausgesucht haben, denken wir über einen Ausbau nach. Mit den neuen Reviereinrichtungen reagieren wir auch flexibel auf Veränderungen im Wald.

Die im letzten Herbst entstandene, neue Windwurfblöße, auf der Douglasien nachgepflanzt wurden, wird von uns mit „Patronensaat" unterstützt. Die Leiter an der mittlerweile recht hoch gewachsenen Dickung wird um 50 Meter verrückt – und schon haben wir wieder Schussfeld.

Alle unsere Ansitzeinrichtungen haben eines gemeinsam: Wir nehmen sie so weit wie möglich aus der Optik! Wo immer es geht, möchten wir erreichen, dass unsere Reviereinrichtungen kaum oder gar nicht zu sehen sind – insbesondere nicht für das Schalenwild.

Mit der Aufastungssäge bewaffnet, fahren wir noch drei Sitze an, um wieder für Überblick und Schussfeld zu sorgen. Dabei gehen wir maßvoll vor, um die Reviereinrichtungen auch weiterhin möglichst unauffällig erscheinen zu lassen. Damit ist der Inventurmonat geschafft!

Äsungsverbesserung im Wald

Von Peter Burkhardt

Viele Reviere planen im Frühjahr die Anlage von Sommeräsungsflächen. Ist dies überhaupt notwendig?

In manchen Waldrevieren – unser Revier ist ein gutes Beispiel dafür – fällt es dem Wild selbst im Frühjahr und Sommer schwer, ausreichend Nahrung zu finden. In Absprache mit dem Grundeigentümer versuchen wir also, Flächen für die Sommeräsung zu finden. Können auf Holzlagerplätzen Einsaaten vorgenommen werden? Gibt es Waldwege, die weiter aufgelichtet und verbreitert werden können, so dass mehr Licht auf den Boden gelangt und der liebe Gott Kräuter und Sträucher wachsen lassen kann? Wie stellen sich die vorhandenen Flächen dar? Hier muss Kalk ausgebracht werden, dort stünde wieder eine Neuansaat an. Von wegen starrer Wald – alles ist im Fluss.

Wir wollen nun die Äsung unseres Wildes im Wald verbessern, haben aber nur kleine Äsungsflächen zur Verfügung. Wir möchten gerne einige dieser Flächen neu anlegen, besitzen aber selber kein landwirtschaftliches Gerät. Wir wissen zu wenig über Pflanzenarten und deren Düngung, möchten aber eine reiche Vielfalt an Pflanzen möglichst lange erhalten. Zu guter Letzt sollen die Maßnahmen noch kostengünstig sein. Wie sind diese Wünsche realistisch zu verwirklichen?

Das Jagdjahr hat gerade erst begonnen, die Zeit scheint aber schon wieder zu fliegen. Obwohl es erst April ist, muss ich einfach einmal raus und setze mich an eine der Äsungsflächen. Nun sitze ich – wenn auch etwas klamm – früh morgens auf meiner Ansitzleiter und lasse meinen Blick über den Grünstreifen schweifen. Dabei muss ich an den Start in diesem Revier denken. Wie hat es sich in den letzten Jahren entwickelt, wie hatten unsere Planungen vor ein paar Jahren begonnen? Es fing mit einer Bestandsaufnahme ebenfalls im April an. Nach der Begutachtung beschlossen wir mutig, auf diesen sehr armen, sandigen Böden eine Neuanlage von Wildäckern zu wagen. Als ein Experiment sollten unter anderem Waldstaudenroggen, (Schwarz-)Hafer sowie Buchweizen und verschiedene Kleearten eingesät werden.

Eine unserer Ideen war es, Sommerwildäcker zu schaffen, um das Wild ganzjährig an das Revier zu binden, und Freiflächen anzulegen, auf denen die Tiere in Ruhe verweilen können. Wir hofften auch auf diese Weise, Rot-, Dam- und Rehwild von den Bäumen abzulenken, um Wildschäden zu minimieren.

Äsungsflächen immer mosaikartig verteilen

Bei der Neuanlage der Äsungsflächen achteten wir darauf, sie mosaikartig über das Revier zu verteilen. Viele befinden sich in der Nähe der Wildeinstände und werden gar nicht bejagt. Hier kann das Wild in Ruhe zum Äsen austreten, ohne gleich unter Feuer zu stehen.

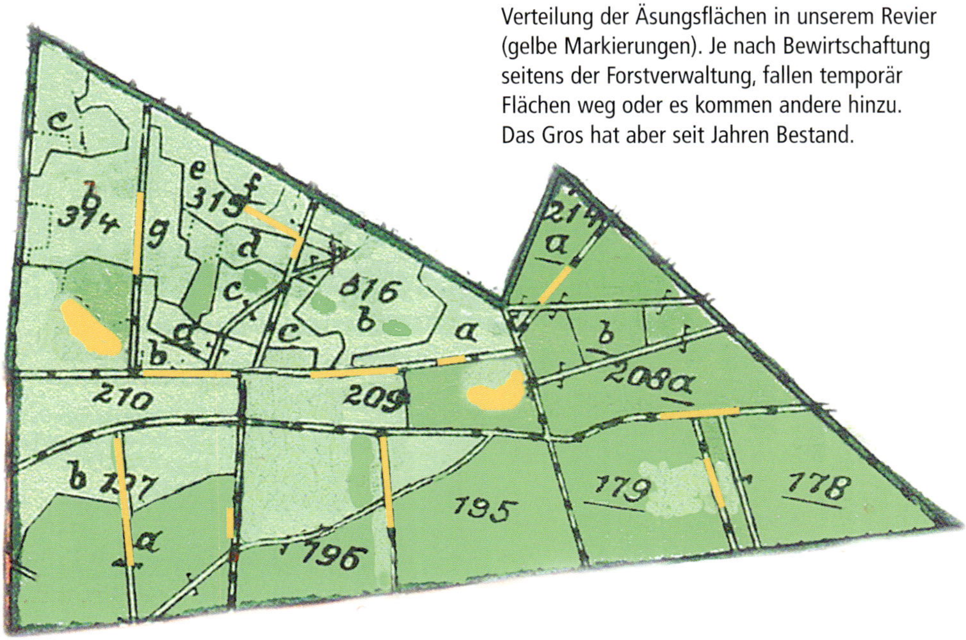

Verteilung der Äsungsflächen in unserem Revier (gelbe Markierungen). Je nach Bewirtschaftung seitens der Forstverwaltung, fallen temporär Flächen weg oder es kommen andere hinzu. Das Gros hat aber seit Jahren Bestand.

Zurück zu meinem morgendlichen Ansitz: Ein junger Rothirsch zieht auf den Wildacker. Ich nehme langsam das Glas hoch und sehe, dass sein Geweih sich im Schieben befindet. Ich denke gerade über den geordneten Rückzug nach, als auch noch ein kleines Damkahlwild-Rudel auf die Fläche tritt. Als der Hirsch wieder das Haupt unten hat und das Damwild von mir weg den Acker hochzieht, baume ich leise ab und pirsche zum Auto zurück.

Lesen, lernen, Landwirte

Die Gedanken über die Wildäcker lassen mich nicht los. Am Auto suche ich aus dem Handschuhfach die Revierkarte heraus. Was können wir noch ergänzen, wo könnten wir Dauergrünland anlegen? Unser erstes Ziel haben wir erreicht: Mittlerweile sind über zwei Prozent der Revierfläche in Wildäcker oder Dauergrünland umgewandelt – Tendenz steigend. Nach nur zwei Flächen bei Übernahme des Reviers, sind es inzwischen zehn Flächen.

Wir hätten diese Maßnahmen zur Äsungsverbesserung niemals alleine bewältigen können. Vieles wollten wir selber machen, einfach weil wir Spaß daran haben, im eigenen Revier zu arbeiten. Doch wir mussten schließlich doch auf kompetente Hilfe zurückgreifen, da wir uns regelrecht verloren in all' den Büchern und Beiträgen der Jagdfachpresse, in denen diverse Verfasser in interessanten Artikeln nur so mit Pflanzenarten, Bodentypen und Düngersorten um sich warfen.

Wie sollte also der erste Schritt aussehen? Wir halfen uns nach der umfassenden Lektüre zunächst mit der Suche nach einem geeigneten Partner. Jeder Revierinhaber ist gut beraten, sich einen „Wildackerlandwirt" auszuspähen, der sich (alljährlich) um die Anlage und Pflege der Wildäsungsflächen kümmert. Dieser kennt dann nicht nur schnell die Gegebenheiten vor Ort, sondern auch die Wünsche des Jagdherrn. (Fortsetzung auf Seite 46)

Zwei Bilder aus dem Waldrevier von Jagdfreunden: Lichtleitungstrassen und ähnliche Strukturen liegen häufig brach. Darunter können exzellente, helle Äsungsflächen entstehen. Oben ein solcher Trassenabschnitt ohne Wildäsungsstreifen, darunter das Bild aus dem Folgejahr.

Nur diese vier Impressionen von Wildäckern und -wiesen verdeutlichen vielleicht, warum mir die Anlage von Äsungsflächen immer wieder große Freude bereitet. Da bin ich dann in der Nähe von Otto von Bismarck: „Es gibt nichts Schöneres, als der Geruch von frischem Heu und der Anblick von friedlich äsendem Wild."

Absprachen erübrigen sich, lästige und immer neue Preisverhandlungen ebenso.

In unserem Waldrevier kennt unser „Wildackerlandwirt" jeden Streifen, den er einsäen soll. Im April beginnt er automatisch damit, Wildäcker, die erneut eingesät werden sollen, umzubrechen und anzulegen. Da wir mehrjährige Mischungen einsetzen, ist dies allerdings nicht auf ganzer Fläche und jedes Jahr nötig. Im März hat er bereits die Wildwiesen gewalzt und gegebenfalls gedüngt. Mitte des Jahres kümmert er sich – nur wenn Bedarf besteht – um Winterwildäcker. Die Pflanzenmischungen und das Düngerprofil sind bekannt, ebenso der Zeitaufwand und die Fahrwege.

Was bewährte sich, was nicht?

Das große Erfahrungspotenzial, das Revierinhaber und Landwirte mit der Zeit gewinnen, ist nahezu unbezahlbar. Beide wissen sehr gut, welche Wildackermischungen erfolgreich gedeihen und welche nicht. Das kann schon innerhalb eines Reviers zu großen Schwankungen führen. Was auf dem sandigen Höhenzug nicht wächst, kann in den Niederungen die Mischung der Wahl sein.

Jäger und Bauer können auch gemeinsam Strategien entwickeln. Neuestes Produkt unserer Kooperation ist auf einer Fläche die Umwandlung eines Wildackers in eine Wildwiese. Jeder Versuch, hier einen Wildacker hochzubringen, scheiterte an der Gier des Wildes. Jedes Jahr mussten wir die Fläche zäunen, damit auch einfachste Sorten überhaupt aufwachsen konnten. Diese Arbeit wurde zuviel, die Kosten liefen aus dem Ruder. Nun wächst ein Klee-Gras-Gemisch auf der Fläche, das kostengünstig im Landhandel gekauft werden konnte. Es handelt sich dabei um eine fertige Brachemischung, die lediglich um zwei Kleepartner ergänzt wurde. Die Fläche ist eine der unkompliziertesten im Revier und in der Anlage sowie Unterhaltung auch die preisgünstigste, die wir haben!

Immer wieder werden wir angesprochen, welche Pflanzen sich in unserem Revier, das ausgesprochen wildreich ist, bewähren. Die Frage nach allgemein gültigen Mischungen lässt sich nicht beantworten. Wie bereits erwähnt, können selbst innerhalb eines Reviers die Bodenverhältnisse so stark schwanken, dass komplett andere Mischungen verwendet werden müssen.

So viel lässt sich aber doch verallgemeinern:
1.) Lesen Sie sich – so gut es geht – schlau. Es kann nicht schaden, über verschiedene Wildackerpflanzen Bescheid zu wissen. Auch die Kenntnis über diverse Dünger ist von Vorteil. Selbstverständlich sollten Sie sich mit den Preisen des örtlichen Maschinenringes vertraut machen und dann bei verschiedenen (!) Bauern anfragen.

2.) Legen Sie keine neuen Monokulturen an – davon haben wir (und vor allem das Wild) – schon genug. Verzetteln Sie sich umgekehrt nicht in komplexen Mischungen, die nur kompliziert anzubauen (Saatbetttiefen, Aussaatzeitpunkte) und schwer zu düngen sind. Starten Sie mit einigen wenigen Arten.

3.) Der Begriff Äsungsverbesserung wird viel zu oft nur mit dem Winter verbunden. Doch gerade im Sommer haben Äsungshilfen durchaus eine wichtige Funktion. In einem monotonen Nadel- oder Buchenwald kann auch im Sommer Nahrungsmangel herrschen!

4.) Teilen Sie Ihre Äsungsflächen in Äcker, die dem Wild im Winter zur Verfügung stehen, und andere, die das Wild im Sommer unterstützen sollen. Es gibt keine „generell-für-alles-Wilduniversal-Ganzjahresmischung". Jeder Ganzjahresreifen ist ein Kompromiss, jeder Ganzjahreswildacker genauso. Hier helfen mehrjährige Lösungen und wechselseitige Bestellung, um Kosten zu senken.

5.) Es müssen keineswegs immer Wildäcker sein: Wildwiesen oder Dauergrünland sind manchmal viel sinnvoller – und ökologisch weitaus passender. Fragen Sie beim Landhandel oder bei Versendern nach günstigen Mischungen für Brachen oder Pferdeweiden. Ergänzen Sie diese, wenn es Ihnen notwendig erscheint. Vermeiden Sie dabei exotische Beigaben, die zwar einerseits Wild anziehen, andererseits aber kaum auswachsen können, da sie sofort komplett abgeäst werden. Über 20 verschiedene Kräuterchen in einer Mischung dienen oftmals nur dem Hersteller, nicht aber dem Wild. Ersparen Sie sich häufige

Absprache am „Jagdrevier-Schrott-Grubber", dem Gerät für's Grobe. Foto: Katrin Burkhardt

Bestellungen und die damit verbundenen hohen Kosten.

Wurzelheimer Steine statt Hildesheimer Böhrde

6.) Was sich in einem Feldrevier einfach bewerkstelligen lässt, ist im Wald oft eine Qual: die Bereitung des Saatbettes. Insbesondere bei der Neuanlage fördert die Bearbeitung manchmal nur Wurzeln und Steine zu Tage – der Albtraum für jeden Landwirt und auch dessen Maschine.

Besitzt ein Landwirt noch eine alte Egge? Traut er sich damit in den Forst? Wenn ja, haben wir ein ideales Gespann gefunden. Ein Jagdfreund hat selber einen alten Grubber und eine alte Egge erstanden. Die steht an der Jagdhütte und wird vom Landwirt abgeholt. Mit dem Gerät erschließen wir uns dann relativ einfach Streifen an Waldwegen, Gestellen, Lichtungen und anderen Plätzen.

7.) Es besteht keine Notwendigkeit, jährlich für Unsummen Neubestellungen vorzunehmen. Schaffen wir es, mit mehrjährigen Mischungen sowie unseren Dauergrünlandflächen attraktive Äsung anzubieten, haben wir schon viel geleistet.

8.) Mit nur wenigen großen Äsungsflächen ist dem Wild nicht gedient. Erst eine Vielzahl schafft Alternativen ohne Konkurrenzdruck, lässt die Tiere (in Ihrem Revier!) von Fläche zu Fläche ziehen und bindet es so – flankiert von verschiedenen anderen Maßnahmen – erfolgreich an das Revier. Ein Äsungsflächen-MOSAIK muss entstehen (siehe Grafik Seite 41).

9.) Achtung: Mancher Wegrand und manche Blöße im Wald sind aus Sicht des Naturschutzes wertvoll und daher nicht anzutasten! Achten Sie bei bestehenden Flächen auf den Bewuchs. Zerstören Sie keine wertvollen und geschützten Biotope!

10.) Leider sind Wildäcker oft Fremdkörper im Wald. Maisreihen und andere Getreidearten hinter temporärem Hordengatter oder saubere Rüben- / Kartoffelreihen hinter Elektrozaun haben meines Erachtens generell nichts im Wald zu suchen. Zunächst noch den Waldumbau flankierend, muss es unser Ziel sein, irgendwann auf „künstliche Äsung" weitgehend verzichten zu können. Das hat aber eine Menge mit der Wilddichte zu tun ...

11.) Ein Grundsatz muss immer herrschen, wenn die Maßnahmen erfolgreich sein sollen: Ihre Äsungsstreifen sind Freiräume für das Wild. Sie dienen der Ernährung, aber auch dem Sonnenbad und dem Spiel der Kälber. Es ist daher völlig kontraproduktiv, wenn jeder Wildacker von zwei Kanzeln flankiert wird und Sie an Ihren Äsungsflächen jagen. Gehen Sie gerne in ein Restaurant, in dem Sie beschossen werden? Wie formulierte es die Deutsche Wildtier Stiftung hinsichtlich des Rotwildes: „Sozialverhalten, Nahrungsbedarf und Sicherheitsbedürfnis sind beim Rotwild eng miteinander verbunden ... Unter ungestörten Umweltbedingungen verbringt Rotwild daher einen großen Teil des Tages auf Lichtungen oder außerhalb des Waldes ..."

Äsungsstreifen schließen uns den Wald auf und machen Wild sichtbar. Aber stellen Sie bitte sicher, dass auf der weitaus größten Zahl das Wild unbeschossen bleibt. Denn: Zusammen mit dauerhafter Beunruhigung ist die Jagd an solchen Äsungsflächen die schnellste Art, wie Sie das Wild entweder in die Nacht schießen oder aus dem Revier heraus. Wollen Sie das?

Der Jagdmonat Mai

Erster Bejagungsschwerpunkt des Jagdjahres

Von Jonas Burkhardt

Der Mai ist ein Bock-Monat, nahezu überall! Endlich, so denkt sich wohl jeder, geht es wieder los. Aber warum nur auf Böcke?

Wenn wir schon in Sachen Rehwild unterwegs sind, binden wir Rot-, Dam- und Schwarzwild in die Bejagung natürlich mit ein. In Niedersachsen sind bei Rot- und Damwild Schmalspießer und -tiere frei. Diese Stücke werden bei uns mit bejagt, der Mai wird so zum ersten Bejagungsschwerpunkt im Jahr. Die Rot- und Damwildrudel sind nun zumeist völlig aufgelöst. Mal trifft man zwei Damtiere und einen Schmalspießer, anderntags ein Rottier mit Kalb und Schmaltier. Die kleinen Verbände aller Schalenwildarten lassen sich gut bejagen.

Ich teile die Ansicht nicht, dass durch die frühe Bejagung die Tiere schnell wieder scheu werden. Dank Ruhezonen (siehe im Kapitel dort) und Intervalljagd bleibt unser Rot- und Damwild tagaktiv. Stattdessen überwiegen für mich forstliche Aspekte und jagdbetriebliche Erfolge. Zur Verdeutlichung hier die Ergebnisse der ersten drei Stücke Rotwild 2011: Zwei Rotschmaltiere mit 35 und 41 kg sowie ein Rotschmalspießer mit 36 kg. Mai 2012: Vier Stücke im Bereich 38 bis 44 kg. An diesen Abschüssen kann nichts falsch sein!

Die Population und den Lebensraum entlasten

Dabei stellt sich nicht die Frage, wie es zu diesen erbärmlichen Gewichten kommen konnte. Ob sie verwaist waren, was ich vermute, oder ihre Gewichte einem Überbestand geschuldet sind, ist zunächst sekundär, denn einzig ihre zeitige (!) Entnahme aus dem Bestand ist die richtige Reaktion. Am Ende des Jagdmonats Mai haben wir oft gute Strecken addieren dürfen. Alles

Tiere, die die eigene Population nicht mehr belasten, alles Tiere, die später im Feld nicht zu Schaden gehen, alles Tiere, über deren Verbiss-, Fege- oder Schälschaden wir nicht mehr reden müssen, alles Tiere, die sich nicht in sogenannten Großrudeln im Herbst zusammenschließen können.

Insbesondere die großen Rudel erschweren uns doch die Bejagung des Wildes im Herbst. Wie oft haben wir auf verschiedensten Jagden erlebt, dass 40- oder 60-köpfige Rudel nahezu unbeschossen entkamen. Wenige Tiere wurden erlegt, der Rest war ausgewechselt. Im Zuge der Hauptjagdzeit wuchsen diese Rudel sogar immer weiter an, was schließlich dazu führte, dass Reviere heute rotwildleer, anderntags übervoll waren. Mehr noch: Ganze Jagden „floppten" hinsichtlich des Rotwildes, weil das oder die Rudel am Jagdtag nicht zugegen waren. Am Ende der Diskussion, wie man diese Rudel bejagen könne, stand dann der immer wieder zu vernehmende ekelhafte Vorschlag, das Leittier zu schießen ...

Erst kürzlich las ich, dass durch die Jagd im Mai Schälschäden wieder steigen würden. Das Gegenteil ist richtig, wenn oben beschriebene Parameter (Ruhe auf der überwiegenden Fläche, unbejagte Äsungsstreifen und so weiter) erfüllt sind.

Nicht zögern

Immer wieder erfuhr ich, dass Rot- und Damschmalspießer gezielt im Mai nicht freigegeben werden. Eine der Begründungen lautete, dass „man noch nicht sehen kann, was aus den Spießern wird." Müssen wir das? Erlegen uns nicht die Abschussrichtlinien den intensivsten Eingriff in der Jugendklasse auf? Wann, wenn nicht jetzt, wo wir sogar gelegentlich Schmalspießer und -tiere solo antreffen, lassen sich diese schonender für den Rest des Wildes bejagen?

In einigen Hegegemeinschaften erlebte ich gar eine Vollschonung der Spießer. Zwischen dem Leben als Spießer und der Vollendung des elften oder zwölften Lebensjahres liegen aber so viele Unwägbarkeiten, dass eine Vollschonung der Spießer sowohl die Vorgaben der Abschussrichtlinien als auch das Wesen der Geweihbildung außer Acht lässt. Noch nicht einmal das erneute

Erscheinen im Folgejahr als Sechser oder Achter ist absolut sicher! Es gibt aus meiner Sicht nur eine Begründung, Spießer generell nicht zu erlegen: Man will mit den Trophäen später Geld machen. Dies ist dann allerdings ein reiner betriebswirtschaftlicher Entschluss.

Da erlege ich doch lieber die zuvor genannten sehr geringen Stücke schon frühzeitig. Denn so gewinnen wir bestes Wildbret junger Stücke – ein Umstand, den wir als leidenschaftliche Wildbret-Esser besonders schätzen. Zwei unserer drei Kühltruhen waren zu Monatsbeginn fast völlig leer – ein unhaltbarer Zustand. Hier ein Bock, dort ein Schmaltier, da ein Rotspießer, dann ein Frischling – das ist das Ergebnis eines konzentrierten Jagdeinsatzes gemeinsam mit mehreren Jägern im Mai – an nur vier bis acht Tagen in diesem Monat. Wir laden gerne im Mai andere Jäger mit ein, um gemeinsam in kurzer Zeit Strecke zu machen. Das nennt sich Intervalljagd.

Mein erstes Fazit: Das gemeinsame Frühstück nach dem Morgenansitz oder die Stunde gemeinsamen Sitzens um den brennenden Feuerkorb am Abend möchte ich nicht missen. Außerdem erleben wir geteilte Jagdfreude, erfahren von ihren Beobachtungen viel mehr, als wir alleine auskundschaften könnten. Gleichzeitig binden wir gerne Jungjäger mit ein, deren Wildfreigabe wir entsprechend ausrichten. Für Zweifler: Uns hat noch nie ein Jungjäger bei den Maiansitzen auch nur irgendetwas „Falsches" vor die Füße gelegt!

Mein zweites Fazit: Warum sollten wir uns nicht völlig entspannt die im Mai vorhandenen Kleinstrudel zunutze machen? Ich halte den Bejagungsschwerpunkt in diesem Monat aus den geschilderten Gründen ausdrücklich auch in solchen Regionen für angezeigt, in denen die Wilddichte stimmt!

Besonders Vergleiche erhöhen die Sicherheit

Bis vor wenigen Jahren war in Niedersachsen der Juni für Teile des Rot- und Damwildes als Jagdmonat vorgesehen, dann wurde der Mai daraus. Ich kann allen Bundesländern und Entscheidern nur eines ans Herz legen: Wenn es eine Frühjahrsbejagung auf diese Wildarten geben soll, dann bitte im Mai. Es gibt keinen Monat, in dem Alttiere,

Insbesondere im Mai gilt: Vergleiche bringen wichtige Informationen. Was ist Tier, was Schmaltier, wer ist Spießer? Es ist keine Schande, wenn dann der Finger gerade bleibt. Eine falsche Ansprache auf ein weibliches Stück – egal welche Schalenwildart – wäre eine absolute Katastrophe.

Schmaltiere und bereits jetzt gesetzte Kälber in ihrem Habitus derartig divergieren. Trotzdem pardonnieren wir fast immer einzelne, weibliche Tiere und halten uns an Kleinstverbände. Ist ein Vergleich gegeben, fallen auch dem unbedarften Nimrod 35 bis 45 kg-Stücke neben 70 bis 85 kg-Alttieren durchaus ins Auge.

Natürlich sind derart geringe Stücke nicht die Regel. Aber um die geht es doch gerade, sie wollen wir zuerst erlegen! Und: warum dürfen Böcke im Mai bejagt werden, wir aber im Falle des Rotwildes – aus den eigenen Jägerreihen – als Störer denunziert werden? Da schwärmen solche Jäger von der Jagd auf den roten Bock, aber der schwächste Rotschmalspießer darf es nicht sein? Da stimmt doch etwas nicht.

Ein ganz anderer Aspekt beschränkt unsere Jagd im Mai: Wir meiden – neben der Ruhezone – alle darüber hinaus für den Arten- und Naturschutz sensiblen Bereiche. So bleibt unter anderem die Abteilung mit den Baumfalken ebenso unangetastet, wie die „Kranichleiter“, die nicht umsonst so heißt. Die Beschränkung auf sehr wenige Jagdtage ist eben auch der Setz-, Brut- und Aufzuchtzeit geschuldet.

Die neuen Augen Ihres Reviers

Von Peter Burkhardt

Ein Damtier zieht aus dem Kiefernwald Richtung Salzleckstein, es passiert die Suhle mit dem Malbaum und erreicht dann den kahlen Stamm, auf dem das auch für es so kostbare Salz liegt. Zwei Minuten später folgt eilig ein Kalb, dann ein weiteres Damtier.

Die Sommersonne scheint durch den Bestand, ihr Licht macht das Wetter zu einem idealen Fototag. So kann die Wildkamera viele Bilder machen, bis alle drei Stücke zeitgleich am Salzleckstein stehen und den Stamm belecken. Alle drei? Tatsächlich, auch das kleine Kälbchen nutzt schon eifrig den salzigen Baumstamm. Das wusste ich nicht, wieder eine Überraschung, die mir eine Wildkamera ermöglichte.

Im Laufe dieses Sommers lichtete sie auch noch ein Damtier mit schwarzem Kalb ab, das sich ebenso an der Salzlecke gütlich tat, wie auch ein Rottier mit seinem Kalb. Verschiedenen Experten schickte ich die

Kleinste Kälbchen und Kitze nehmen bereits aktiv Salz auf.

Bilder, Literatur wurde durchsucht – Fehlanzeige! Eine derart frühe Salzaufnahme bei Kälbern war nirgendwo bis dahin belegt, geschweige denn abgelichtet worden ...

Schnell durchgesetzt

Kaum eine andere Neuerung hat in den letzten Jahren ein derart schnellen und erfolgreichen Einzug in unsere Reviere gehalten wie Wildkameras. Gut und verlässlich, unbestechlich und immer aufmerksam, versehen sie 24 Stunden lang ihren Dienst. Wer sie erst einmal eingesetzt hat, mag sie nicht mehr missen. Sie bringen oft Dinge an den Tag, die wir so noch nicht wussten, vielleicht nur ahnten oder – wie im Fall unserer Kälber – nicht für möglich gehalten hätten.

Waschbären im Revier – ja oder nein? Bitte, hier sind die Bilder, sie sind ebenso anwesend wie Marderhunde. Damhirsche am frühes-ten Abend oder die vorher nie registrierten Iltisse am Bachlauf – Wildkameras offenbaren alles. Dass sich selbst Rotwild zwischen Getreideschlägen in einer Feldholzinsel regelmäßig aufhält, belegte eine Minox-Kamera nach wenigen Tagen. War dieser Umstand schon erstaunlich, so lösten die Bilder tagaktiver, suhlender Sauen in einer Wildruhezone schiere Begeisterung aus.

Stille Einblicke

Unlängst setzte sich wieder ein Beitrag in einer deutschen Jagdzeitschrift mit dem immer wieder ebenso gern wie umständlich bemühten Thema „Technisierung der Jagd" auseinander. Man mag bedauern, dass Technik im Revier Einzug gehalten hat und mancher Jagdapostel sah schon den Niedergang der Jagd kommen …

Im Falle der Wildkameras war deren Erscheinen mindestens in unseren Revieren der reine Segen, insbesondere in Wildruhezonen. Dort aufgehängt, versehen sie seit Monaten ihren unauffälligen, störungsarmen Dienst und erlauben uns viele, anders nie möglich gewesene Einblicke in unsere Tierwelt.

Aber auch in den bejagten Revierteilen waren und sind sie uns eine große Hilfe. Statt ewigem Abfährten um Suhlen herum oder „Spürbahn abharken", liefern nun die Kameras detaillierte Bilder, zum Beispiel aus den Badezimmern des Reviers. Ich möchte Wildkameras in meinem Jagdbetrieb nie wieder missen! Statt dauerhafter Beunruhigung, laufend neuen Menschengerüchen an sensiblen Revierstellen oder unnötiger Beunruhigung, versehen Wildkameras unauffällig ihren Dienst. In großen Abständen kontrolliert, kann mit keinem anderen jagdlichen Kniff ein Revier derart wildschonend erfahren werden wie mit unseren nimmermüden und immer aufmerksamen neuen „elektronischen Augen des Jagdbetriebs".

Insbesondere nach der Übernahme eines Reviers bekommt der Neupächter schnell viele Informationen, die ihm bei der ersten Orientierung helfen. Ich sehe daher gerade in ihnen keine Übertechnisierung des Reviers, sondern im Gegenteil eine Entlastung des Wildes! Mit ihnen jagen wir insgesamt wildgerechter und – dies ist sicherlich DAS Argument für eine Wildkamera – parallel dazu erfolgreicher!

Also schnell eine Wildkamera rausgehängt und der Rest wird sich schon fügen?

Mitnichten! Anfänger können viel Lehrgeld zahlen bis die ersten guten Bilder auf der Speicherkarte sind. Uns ging es da nicht anders. Ort der Anbringung, Kamerahöhe, Wetter und direkte Umgebung entscheiden oft darüber, ob es mit Fotos oder Videos überhaupt klappt.

Fehler in der Praxis

So wichtig und überraschend die Bilder der Tiere mit ihren Kälbern auch waren, sie sind – leider – fotografisch wenig gelungen. Das liegt nicht etwa an der „braven" Wildkamera, die munter Bilder machte, sondern an unserer unsachgemäßen Anbringung! Selbst eine noch so gute Kamera kann eben nur das einfangen, was sich auch in ihrem Sichtfeld befindet. Die abgeschnittenen Läufe des Wildes sind unser Verschulden, genauso wie der Umstand, dass die Tiere und Salzlecke am linken Bildrand kleben.

Ein weiterer Fehler offenbart das Bild der Schwarzkittel vom 29. August (rechts oben). Vielfach werden Wildkameras zu tief aufgehängt. Das gibt zwar schöne Bilder auf Augenhöhe des Wildes, macht den sensiblen Sensor aber anfällig für Bewegungen von Zweigen und Gräsern. Außerdem reflektieren solche Hindernisse den Blitz. So bleiben hier fünf oder mehr Frischlinge und die Bache nebulös und die Gräser im Vordergrund werden überbelichtet.

Daher der erste Tipp: Die meisten Kameras verfügen über einen Monitor, nutzen Sie ihn schon bei der Anbringung! Kamera installieren, scharf schalten und selber einige Bilder auslösen und dann kontrollieren – siehe da: Etwas tiefer neigen und mehr nach links drehen – und schon haben die Kamera und wir den Salzleckstein besser im Blick.

Daher: Freie Sicht für freie Kameras! Beseitigen Sie bitte alles, was im Blickfeld liegt, mehr noch, was sich im Fokus der Kamera zum Beispiel durch Wind bewegen könnte. Nur ungern gebe ich zu, dass wir in der Schwarzwild-Bilderserie oben auch zahlreiche Motive auf der Speicherkarte ohne Wild hatten – und stattdessen nur wogende Gräser im Wind.

Vermeiden Sie Hindernisse vor der Kamera. Bewegen diese sich, löst das Gerät aus.

Nur ohne Störungen entstehen gute Bilder.

Szenenwechsel, ein anderer Salzleckstein, ein freies Sichtfeld und die richtige Anbringung: Hier stimmte am 26. Januar alles und das um 16.05 Uhr vertraut herumbummelnde Rehwild konnte in voller Größe eingefangen werden.

Gegenlicht, Nebel, Regen und Geschwindigkeit

Achten Sie bitte darauf, Ihre Wildkamera(s) nicht direkt in die Sonne auszurichten, schemenhafte Sauen und gleißend weiße Bilder wären die Folge. Die Anbringung am Bachlauf erbrachte zwar auch manches gute Bild, die Kamera war aber leider auch oft wegen Nebelschwaden „blind". Schlagregen und Schnee bei einer zu steil nach oben ausgerichteten Kamera verringern ebenfalls deren Wirkungsgrad.

Weiterhin wichtig und meines Erachtens der zentrale Punkt für gute Bilder: Jede Kamera braucht Zeit zum Denken! Wild erfassen via Sensor, messen, blitzen und auslösen.

Geben Sie unbedingt Ihrer Wildkamera diese Zeit und schaffen Sie stabile Situationen. Nutzen Sie Ihre Wildkameras an Stellen im Revier, wo Wild verhofft. Salzlecken (siehe dazu auch Seite 59), Suhlen und Malbäume sind dafür nur drei Beispiele für ideale Plätze in Ihrem Revier.

Welche Unterschiede dies ausmacht, veranschaulicht das Bild der Rotte vom 15. Oktober auf der gegenüberliegenden Seite unten: Stehende Sauen werden scharf abgebildet, die sich streitenden Schwarzkittel erscheinen als Wischer.

Diesen Effekt haben Sie fast ausschließlich, wenn Sie beispielsweise Kameras an Rotwildwechsel hängen. Die großen Tiere sind oft zu zügig unterwegs, mehr als einen verschwommen Schatten werden Sie nicht zusehen bekommen. Bei ruhigem Verhalten erhalten Sie stattdessen oft mehrere Bilder der Tiere und können dann besser vergleichen und bestimmen: Ein Hirsch von links, der Geweihte von vorn, noch einmal von rechts – jetzt haben Sie tatsächlich alle Enden gesehen und haben nun ausreichend Zeit, den Herrn in aller Ruhe am Bildschirm zu klassifizieren.

Zurück zum Salzleckstein. Wir schreiben den 18. Oktober kurz vor halb fünf Uhr morgens. Um noch mehr Bilder zu bekommen, flankierten wir den Salzleckstein mit etwas Mais. Die erste Sau ist scharf abgebildet, später kam der Rest der Rotte ins Bild und die Wildkamera machte über 30 Minuten wunderschöne Bilder.

Jede Kamera braucht Zeit zum Denken! Wild erfassen via Sensor, messen, blitzen und auslösen. Geben Sie Ihrer Beobachtungskamera diese Zeit und schaffen Sie stabile Situationen.

Alles richtig gemacht?

Jetzt ja, vorher hatten wir, durch wenig Zeit bedingt, einen weiteren Amateurfehler gemacht, indem wir den Mais nur mal eben so hingeworfen hatten. Die Folge waren unzählige Bilder zum Beispiel von Eichelhähern, Tauben und Kolkraben. Sie verursachten über hundert Bilder – die Kamera machte derweil alles richtig, sie konnte ja nicht wissen, dass wir diese Bilder mit Sicherheit nicht haben wollten.

Wenn Sie also schon eine Kirrung oder einen Luderplatz (sehr gute Fotoplätze im Revier!) mit einer Kamera bestücken möchten, dann doch auch in diesen Fällen bitte so, dass Ihr Zielfisch schlussendlich an der digitalen Angel hängt und nicht diverses Vogelvolk, um das es in diesen Fällen gar nicht ging. Wer breitwürfig kirrt, erzeugt eine Vogelfütterung – und so sieht dann auch das Bildmaterial aus ... Besonders tragisch wirken sich diese Fehlerchen dann aus, wenn Sie auf Videomodus arbeiten. Videos sind wahre Speicherplatz-Fresser – und umgehend ist Ihre Speicherkarte voll. Setzen Sie daher Videos bitte sparsam ein.

Speicherplatz ist durch nichts zu ersetzen

Es zeigten sich mehrfach Feisthirsche auf dem Monitor Ihrer Kamera? Sie rechnen in den kommenden Tagen wieder mit ihnen? Bei „erkanntem" Wild lohnt es sich dann, in den Video-Modus zu wechseln. Bedenken Sie bitte dann aber auch, dass Ihre Speichermedien häufiger ausgelesen werden müssen. Vertragen Ihre Feisthirsche im Gegenzug die häufigere Beunruhigung? Hier müssen Sie abwägen ...

Apropos Speicherplatz: Dankenswerterweise bekommen Sie zu Ihrer Wildkamera von vielen Herstellern nicht nur diverse Kabel und einen Halteriemen mitgeliefert, sondern oft auch ein 2 GB-Speichermedium. Darunter würden wir nicht mehr gehen, zum Teil setzen wir sogar 4 GB-Speicherkarten ein, denn sowohl bei Fotos als auch bei Videos wählen wir stets die höchste Auflösung! Sparen Sie nicht an der Bildqualität, im Gegenteil.

Ihre Beobachtungskamera ist zum Beispiel mit erfreulichen acht Megapixel Auflösung ausgestattet – warum dann diese nicht auch voll nutzen? Ich möchte bei allen Wildmotiven möglichst viele Details erkennen. Die höchste Auflösung stellt dies sicher und liefert bei Tag und Nacht eine herausragende Bildqualität, Schärfe, Kontrast sowie eine natürliche Farbwiedergabe.

Wie Päckchen auspacken am Weihnachtstag

Aktuell decken Minox-Kameras bei uns Suhlen, Salzlecksteine und zwei Kirrungen ab. Jedes Mal freuen wir uns darauf, den Monitor zu betrachten oder Karten auszulesen. Mittlerweile fährt dann bei uns im Zuge der Kamera-Tour im Auto ein Laptop mit, wohin zügig Daten überspielt werden, um diese daheim in Ruhe auszuwerten. Spannend ist jedes Aufsuchen der Kameras, und das Betrachten der

Ein Feisthirsch um 14.30 Uhr an der Salzlecke.

neuesten Bilder ist ähnlich wie das Päckchenauspacken am Weihnachtstag. Es vergeht kaum ein Monat, in dem wir nicht überraschende Bilder auslesen und uns über die Einblicke in unserer Revier freuen. Kaum ein Monat? Allerdings, denn wir haben schon lange damit aufgehört, tagtäglich zu den Kameras zu laufen. Das häufige Erscheinen verkehrte die Vorteile der Kameras ins Gegenteil. Statt stille Einblicke zu erhalten, schufen wir einen neuen Unruheherd! Halten Sie es bitte auch so. Ja, vor der Mondphase können Sie gerne die Kameras an den Kirrungen häufiger auslesen, Sie sind durch das Beschicken Ihrer Kirrungen ja ohnehin vor Ort. Oft zwingen auch massive Feldwildschäden dazu, minutiös über Sauen im Bilde zu sein.

Dort aber, wo die diskreten Helfer an sensiblen Punkten hängen (Wildruhezonen, abgeschiedene Suhlen, Dickungen), disziplinieren Sie sich bitte und bummeln als Spaziergänger maximal 14-tägig dorthin. Diese Zurückhaltung hat sich bei uns mehr als gelohnt, wie der Feisthirsch auf dem Bild oben belegt. Hätten Sie ein „Waldgespenst“ um 14.30 Uhr erwartet?

Der Jagdmonat Juni

Der Jagdmonat Juni

Von Peter Burkhardt

Kaum, dass der Juni begonnen hat, steht eine Revierfahrt an. Wieder werden Sägen, Buchenholzteer & Co verladen, der Hund springt auf den Beifahrersitz und hinaus geht es in die freie Wildbahn. Der Mai liegt hinter uns – hoffentlich hat so mancher Grünrock seinen Bock oder ein Stück Rot- oder Damwild gestreckt.

In manchen Bundesländern beginnt nun erst die Jagdzeit auf Rotschmaltiere und -spießer. Die Chancen gilt es zu nutzen. Dabei gilt auch hier das für den Mai Gesagte. Jetzt können Klein- und Kleinstverbände bejagt werden. Es sei Ihnen übrigens aus unterschiedlichen Erfahrungsberichten versichert, dass die Bejagung des Rotwildes im Juni nicht dessen Brunft in Ihrem Revier beeinträchtigt! Ich wiederhole noch einmal meine Bitte, die Rotwildchancen auch im Juni zu nutzen. Bundesländern, die weder im Mai noch im Juni Rotwild freigeben, sei dringend eine Änderung der Jagdzeiten empfohlen – der Erfolg wie in Niedersachsen spricht für sich.

Wer im Mai sein Rehwild nicht bekommen hat, für den wird es im Juni schwerer: Ältere Rehböcke werden jetzt heimlich. Sie scheinen aus dem Revier verschwunden zu sein. Dabei zeigt nach den Monaten der Einstandskämpfe jetzt die Aktivitätskurve des Rehwildes nach unten, vor allem die Herren bewegen sich nur wenig. Warum noch viel Stress verbreiten? So döst der alte Bock viel und zieht kaum umher. Den Jährling in seiner Nachbarschaft nimmt er nicht für voll und die Damenwelt in seinem Einstand ist zur Zeit mit dem Setzen oder Säugen beschäftigt.

Die Fahrt am Rande unseres Reviers offenbart schnell Unterschiede zwischen Mai und Juni. Das Areal vor mir ist schon so hoch mit Adlerfarn bewachsen, dass vieles Wild unsicht-

Die Kitze sind schon recht gut gewachsen.

bar bleibt. Andernorts verschlucken das grüne Laub oder Brombeeren viele Waldbewohner. Welchen Wachstumsschub die Ahornbäume und Buchen im Jagen Nummer 315 gemacht haben, wird uns jetzt erst bewusst, da sich lauter giftgrüne Triebe in die Höhe recken. Diese Parzelle ist bald aus dem Äser heraus und strebt ungebremst nach oben. Ein Wald voller Überfluss? Was für uns sehr subjektiv als schöner Buchen- oder Kiefernwald gilt, kann für das Wild trotzdem eine nahrungsarme Monokultur bedeuten! Hier hilft eine krautige Schicht im Wald weiter. Flächig mit Beerkraut bestandene Waldparzellen bieten nahezu ganzjährig verfügbare Äsung. Eine rechtzeitige Durchforstung fördert ihr Wachstum.

Ein Blick gilt auch den Wildäckern und Wildwiesen. Bieten sie genügend Nahrung? Wer geeignete Flächen findet, kann auch im Juni noch welche anlegen. Was bleibt, ist die Hoffnung auf ausreichend Regen, den besonders die kleinen Erstanlagen dann so dringend brauchen. Oft gerieten unsere Äsungsflächen und -streifen weitaus besser, wenn wir sie erst im Juni, statt im Frühjahr anlegten (siehe dazu auch der Jagdmonat April).

Ein Monat mit zwei Gesichtern

Weitere, nicht direkt jagdliche Erscheinungen beschäftigen uns im Wald. Gerät der Juni sommerlich warm mit wenig Niederschlag, steigt die Zahl der Spaziergänger und Touristen sowie die Waldbrandgefahr. Gerät der Juni recht nass, bleiben uns diese Nachteile aus jagd- und forstlicher Sicht erspart.

Was allerdings für die Pflanzen gut ist, muss für den Jäger in der Praxis noch lange nicht so sein. Stetige Tropfen auf Brille und Zielfernrohr, die Geräuschkulisse des Regens übertönt anwechselndes Wild, die nasse Jacke beim Morgenansitz ...

Der Beitrag über den wechselhaften Juni und seine zwei Seiten der jagdlichen Medaille ließe sich spielend weiter fortsetzen. Noch ein Beispiel gefällig?

Wir begrüßen die Heerscharen von Mücken, die so manches Stück beim Abendansitz hoch werden ließen und erst dadurch für uns sichtbar machten. Auch dem erlegten Jährlingsböckchen meines Jagdfreundes, so wusste er telefonisch zu berichten, wurden die Plagegeister dann doch zu viel und es erhob sich auf der Lichtung. Nur dadurch hat er es entdecken und schließlich erlegen können.

Bei uns hinter dem Haus erträgt das Damwild die Mücken im Bestand nicht mehr und wechselt auf die Wildwiese, auf der ein leichter Wind für Entlastung sorgt. Die Wedel sind aber weiter in Bewegung. Wie erfreuen uns dieser Mücken auch, wenn sie Spaziergänger aus dem Bachtal oder den Beständen heraushalten. Hochflüchtig ging

Spät am Sommerabend mit deshalb hoher ISO-Zahl aufgenommen: Kleine Rotte mit Zug zum Wasser. Ich wollte das Motiv einfach haben, egal wie die Bildqualität bei ISO 1.600 ist.

auch eine Nordic-Walking-Gruppe ab, ein zauberhafter Anblick.

Diese Freude währte allerdings eben nur bis zum Morgenansitz, bei dem wir unser Mückenmittel vergessen hatten und Schwärme uns so laut umsurrten, dass das anwechselnde Reh erst zu spät gehört werden konnte. Die Biester waren so penetrant, dass der Versuch, sie mit der Hand zu verscheuchen, prompt mit dem nun gänzlichen Abspringen des Rehs quittiert wurde. Regen und Mücken, Sonne und laue Nächte – die Vor- und Nachteile des Junis sind vielfältig.

Der Revierinhaber sollte den Juni nutzen, um sich ein Bild des „Wasserstandes" im Revier zu machen. Ist er ausreichend? Wo können noch Tränken oder Suhlen angelegt werden? Wie für alle unsere Hegebemühungen gilt auch beim Wasser: Viele kleine Pfützen sind weitaus besser als ein großer Badesee.

Sommer, Sonne, Suhlvergnügen

Von Peter Burkhardt

Der Jäger kann in seinem Revier verschiedene Suhlenarten jagdbetrieblich unterscheiden: ständige und vorübergehende Suhlen. Dazu kommen Suhlen, die heimlich liegen und unbejagt bleiben, und „öffentliche" Suhlen, an denen angesessen werden kann.

Ständige Suhlen, die sich das Wild selber sucht, befinden sich zum Beispiel am Rand eines Waldtümpels. Sie bewähren sich in den Tageseinständen. Dort können bei Bedarf auch neue angelegt werden – ein Aufwand, der sich immer lohnt. Vorübergehende Suhlen können Pfützen auf Wegen sein, nur zeitweise Wasser führende Gräben, ja selbst der Grund abgeräumter Silagemieten wird gut besucht.

Rotwild nutzt jede Suhle bereitwillig, insbesondere Hirsche in der Brunftzeit. Kahlwild suhlt nach meinen Beobachtungen generell nicht weniger als die Geweihten. An heißen Tagen nimmt alles Rotwild gerne Gewässer an. Nun offenbart sich, dass Rotwild eigentlich eine Wasserratte ist. Dort, wo sich ein Teich befindet, stehen die Tiere beinahe den ganzen Tag bis zum Bauch im Wasser. Selbst Rotkälber springen mit einem großen Satz in das kühle Nass und schwimmen ausgiebig. Bei extrem großer Hitze legt Rotwild den Träger und Hauptansatz für eine lange Zeit direkt auf die Oberfläche, um sich abzukühlen. Dabei spielen nur die Lauscher – man könnte sonst den Eindruck gewinnen, es schliefe. Um dies in bequemer Körperhaltung tun zu können, suchen sich die Stücke die richtige Wassertiefe aus. Drumherum, am schlammigen Ufer, wird gesuhlt. Manche Tiere liegen stundenlang im Schlamm.

Die traditionellen, bereits vorhandenen Suhlen sollte der Heger nur in großen Zeitabständen kontrollieren und nicht, wie vielfach in der Literatur zu lesen, die Suhlen täglich abgehen oder gar in der war-

Das Rotkalb wirkt noch etwas zögerlich – doch das wird sich bald ändern.

men Jahreszeit immer wieder mit dem Wasserkanister vorstellig werden. Das ist kontraproduktiv. Insbesondere Suhlen in Ruhezonen sind die vertrautesten und heimlichsten Plätze im Revier. Hier haben auch wir nichts zu suchen. In der Regel sollte man um Suhlen einen großen Bogen machen. Warum?

Ganz einfach: Wie würden Sie reagieren, wenn morgens in Ihrem Badezimmer schon jemand auf Sie wartet, um Ihnen bei der Morgentoilette zuzuschauen?

Aber: Hausputz muss sein. Da das Wild keine harten Gegenstände in der Suhle mag, werden stärkere Äste oder grobe Steine im Rahmen unserer seltenen Kontrollen entfernt. Dieses Vorgehen gehört jedes

Auch Rotwild nutzt intensiv mit Buchenholzteer versehene Malbäume. Wir lassen daher den schwarzen Duftstoff aus Kopfhöhe in dünnen Rinnsalen die Stämme runterlaufen. Dann finden sich Deckenhaare oft – wie hier auf dem Foto gut zu sehen – bis in Brusthöhe.

Jahr in das Frühjahr oder den Frühsommer. Besser als die störenden Säuberungsarbeiten ist es jedoch, die Suhlen dort anzulegen, wo sich keine Bäume darüber befinden oder den Baumbestand am Rand großzügig aufzulichten. Rotwild bevorzugt ohnehin den freien Blick in alle Richtungen.

Wer eine Suhle anlegen möchte, sollte zweckmäßigerweise feuchte Revierteile wählen. Dabei werden selbstverständlich für die Natur wertvolle und daher auch zumeist geschützte Biotope, zum Beispiel Quellbereiche, nicht mit einbezogen. Tiefe Gräben oder Lunken, Wannen in Hanglagen und selbst Erdeinschläge der Standortkartierung eignen sich für eine Anlage gut. Andernfalls kommt ein Schlepper mit Frontlader zum Einsatz.

Den Untergrund einer Suhle bildet eine dicke Lehmschicht. Die Lehmschicht muss, neben einem Wasser führenden Bereich in der Mitte, auch ausreichend breite, schlammige Ränder aufweisen. Hier wird gesuhlt!

Suhlen binden Wild!

Für Rotwild sollten die Suhlen auf kleineren Lichtungen angelegt werden, da Rotwild wie erwähnt einen Rundumblick bevorzugt. Tiefe Gräben werden durch einen geringen Frontschaufel- oder Baggereinsatz mit kolkartigen Ausbuchtungen versehen. So können Rotwild und Sauen im Bereich ihrer jeweiligen Wasserlinie ein Teil- (Rot- und Schwarzwild) sowie ein Vollbad (Rotwild) nehmen.

Der Heger legt Suhlen über das Revier verteilt an und schafft nicht nur einen großen Badesee. Neu angelegte Suhlen braucht man nicht durch Anfüttern bekannt zu machen, da das Wild früher oder später allein auf diesen „Wellnessbereich" stößt. Malbäume erhöhen die Sogwirkung allerdings erheblich. Wir haben festgestellt, dass sich Malbäume beim Rotwild ähnlich großer Beliebtheit erfreuen wie bei den Sauen. Kaum dass wir etwas Buchenholzteer angebracht hatten, fanden sich in unserer Kopf- und Brusthöhe Haare der Rotwilddecke am Stamm. Daher bestreichen wir nicht nur den Stammfuß. Stattdessen lassen wir, direkt aus dem Kanister, ein feines Rinnsal des Teers am Stamm herunterfließen. Rotwild reibt sich oben, die Sauen darunter.

Heimliche unbejagte und „öffentliche" Suhlen

Jeder Revierinhaber wertet seine Suhlen unterschiedlich: An Suhlen, die unmittelbar Einstandsgebiete berühren oder in stillen Ecken liegen, zum Beispiel in der Ruhezone des Reviers, ruht die Jagd. Diese heimlichen Suhlen sollten in der Überzahl sein, da Wild vornehmlich dort suhlt, wo es sich vertraut und sicher fühlt.

An den wenigen „öffentlichen" Suhlen findet sich das Wild nur kurzzeitig ein, etwa morgens auf dem Rückwechsel aus dem Feld.

Diese Suhlen liegen nicht in Einstandsnähe sondern auf dem Weg dorthin. Hier wird quasi im Vorbeiwechseln ein Bad genommen.

An diesen Suhlen sollte der Jäger in günstiger Schussposition und unter Berücksichtigung der Hauptwindrichtung eine Leiter aufstellen, die aber weit genug entfernt steht, damit sich das Wild nicht gestört fühlt. So manches Stück „verbummelt" sich hier auf seinem Rückweg und urplötzlich steht ein bis dahin unbekannter Hirsch oder ein „neuer" Überläufer an der Suhle.

Zwischendurch sorgt allerlei Federwild für Abwechslung und mancher Waidmann wird sich wundern, wer hier alles noch zum Schöpfen vorbeikommt.

Hier zeigt uns doch das Wild ganz deutlich, was es will und wo es das will. Mit wenigen Handgriffen lässt sich dieses Modderloch in eine temporäre Suhle verwandeln. Steht später etwas mehr Wasser darin, sieht man nicht nur Rot- und Schwarzwild suhlen, sondern Dam- und Rehwild sowie viele andere Arten daraus schöpfen.

Silage, Trester, Beton, Plastik, Lehm ...

Die Möglichkeiten, eine Suhle zu begründen, sind vielfältig. Alle in der Überschrift aufgelisteten Materialien haben wir inzwischen ausprobiert – mit wahrlich wechselndem Erfolg.

Silage: Im ersten Jahr nach der Übernahme eines Waldreviers besuchte ich einen befreundeten Landwirt. Er war gerade dabei, den Bodensatz einer Silagemiete zusammen zu schieben. Auf der wohlriechenden Erde stand das Wasser, die erste Idee war geboren: Wir verfüllen Gräben oder Erdlöcher mit der Silage, das Wasser müsste doch weiterhin darin stehen, und eine Lockwirkung wäre durch den Geruch auch geben. Gesagt, getan. Die Silagemulden wurden umgehend angenommen, nur hielt dieses Konstrukt maximal ein halbes Jahr das Wasser, dann war es mit dem Suhlen vorbei.

Ein kleine Stelle versahen wir mit Beton. Der Bauaufwand im Busch war unverhältnismäßig hoch und die Betonschale (8 x 4 Meter) kam uns immer wie ein Fremdkörper vor. Nach wenigen Jahren war der Beton gerissen, helle Ränder und Brocken ragten aus dem Waldboden hervor. Damit war auch dieser Plan verworfen. Mit Plastik erging es uns ähnlich. Neben dem erneuten Gefühl, irgendwie etwas hässliches in den Wald gebaut zu haben, lagen – trotz reichlichen Abdeckens und Übersandens – sehr schnell die Ränder wieder offen. Je mehr rutschiges Plastik frei lag, umso weniger wurden die beiden damit konstruierten Suhlen angenommen. Obwohl wir dickste Teichfolie aus dem Fachhandel verwendet hatten, wurde die Folie recht schnell durch die scharfkantigen Schalen in Mitleidenschaft gezogen. Als schließlich, trotz geringstem Gefälle, ein ertrunkener Hase in einer der Suhlen lag wurden beide abgerissen.

Erfreuliches leistete Trester (siehe Bild rechts). Wir kippten Tresterreste in tiefe Erdlöcher, zum Beispiel alte Einschläge der Standortkartierung, und deckten die Löcher einen Monat ab. Dann entfernten wir die Zweige, so die Sauen dies nicht bereits erledigt hatten. Die Lockwirkung und Annahme waren enorm!

Und darüber hinaus – dies war die eigentliche Überraschung – funktionieren einige dieser Tresterssuhlen seit über sechs Jahren. Zwar trocknen sie im Sommer zum Teil fast aus, aber sie binden, offensichtlich extrem verdichtet, stets das Regenwasser. Den Trester bekamen wir von einer Mosterei, Kostenpunkt: null Euro. Heute sind wir wieder zur alten Väter Sitte zurückgekehrt: Lehm war und ist immer noch unschlagbar – nur leider oft schwer zu bekommen.

Der Jagdmonat Juli

Der Jagdmonat Juli

Von Peter Burkhardt

Ein „Sprung Rehböcke" im Sommer ist undenkbar, ein Rudel Feisthirsche hingegen nicht! Rehböcke leben von März bis zum Ende der Blattzeit als absolute Einzelgänger. Hirsche versammeln sich hingegen gerne im Rudel, Junghirsche ziehen mit Althirschen – solche Herrenklubs sind keine Seltenheit. Im Gegensatz zum Rothirsch geruht Herr Rehbock im Frühjahr zu allem Überfluss auch noch territorial zu werden und das Revier zu verteidigen. Keiler, Rot-, Dam- und Sikahirsch, auch jeder Muffelwidder sowie Gams- und Steinbock, können

Impressionen aus dem Juli: dieser Leckstein-Interessent, eine Rotte am Morgen und ein säugendes Rotkalb.

14°C
07/17/11 06:31 AM
BURKHARDT1

19°C
07/10/11 07:03 PM
BURKHARDT1

da nur unverständlich das Haupt schütteln.

Und noch einen Unterschied gibt es anfänglich im Verhalten des territorialen Rehbocks: Er verteidigt nur das Revier, nicht jedoch explizit „seine" Ricken. Diese Verteidigungsbereitschaft bezüglich des Territoriums verschwindet bei den meisten Böcken im Verlauf der Brunft. Dann überschreiten sie auf der Suche nach brunftigen Ricken auch ihre Reviergrenzen – und wir sitzen auf der Ansitzleiter und staunen über irgendeinen Bock, den wir nie vorher im Revier bestätigt haben. Bei Rothirschen herrscht jetzt noch Eintracht, wenngleich auch bei ihnen ein neuer Abschnitt im Jahr eingeleitet wird. Alte und mittelalte Hirsche fegen – wie eine über armdicke Douglasie belegt, die, von der Rinde befreit, weithin durch den Bestand leuchtet.

Fegestellen und Kinderstuben

Kahlwildrudel stecken im Juli voller Kälber, die letzten dürften wohl bald geboren werden. Ende Mai trafen wir schon das erste Tier mit kleinem Kalb. In den vergangenen Jahren beobachteten wir aber auch immer wieder, dass Tiere noch im August Kälber setzten. Auch die kleinen Kahlwildrudel, die wir zum Monatsanfang sahen, beherbergten Kälber unterschiedlichster Größe. Einige schienen erst wenige Tage alt, andere dagegen waren schon recht stattliche Exemplare.

Noch etwas wird sich im Monat Juli ändern: Die Kahlwildrudel nehmen nach und nach weiter an Stärke zu, die Hirschrudel zerfallen hingegen. Erste sehr alte Herren stehen nur noch mit einem Begleiter beisammen oder mittlerweile wieder ganz allein in der Feiste.

Rehwild jagt über eine Waldschneise, ein Bock treibt eine Ricke. Aus der kleinen Dickung, in die die beiden gerade laut vernehmlich eingefallen sind, kommt auf der Gegenseite ein junger, sichtlich irritierter Damhirsch heraus. Er ist noch im Schieben begriffen. Damwild zieht dem Rotwild in seinem Jahresrhythmus circa um einen Monat hinterher. Das verdeutlichen uns jetzt auch die Damtiere, von denen viele noch nicht gesetzt haben.

Der beste Zeitpunkt für die Anlage von Suhlen ist eigentlich schon ver-

Zwischen zwei neuen Forstgattern stellen wir eine kleine Baumleiter auf.

passt, Feisthirsche und die immer näher rückende Brunft lassen manchen Revierinhaber zögern. Wenn sich aber passende Stellen abseits sensibler Einstände finden, können wir mit ein wenig Lehm in tieferen Rinnen oder Löchern trotzdem schnell noch eine Suhle entstehen lassen.

Müssen noch Pirschwege für die Feisthirschjagd, Blattzeit oder die Brunft restauriert werden? Dann bitte jetzt und umgehend. Apropos restauriert: Der morsche Schirm an der Wiese wird ausgebessert, ein durch Windwurf zertrümmerter Drückjagdbock durch einen neuen ersetzt.

Zwei neue kleine Forstgatter sind entstanden. Dazwischen stellen wir eine kleine Baumleiter auf, wir wollen sehen, ob uns dieser neue „Zwangswechsel" nicht hilfreich sein kann.

Ruhe ist durch Nichts zu ersetzen

Von Peter Burkhardt

Mehr Wild trotz Jagdverzicht? Effektivere Jagd, obwohl Teile des Reviers nicht bejagt werden? Was zunächst widersprüchlich klingt, hat sich in der Praxis mehrfach hervorragend bewährt: Die Anlage von Ruhezonen macht das Wild im Wald nachweislich tagaktiv, ermöglicht eine erfolgreichere Jagd und kann Wildschäden senken.

Mittlerweile blicke ich auf fast 25 Jagdjahre zurück, in denen ich immer das Glück hatte, tagaktives Rotwild genießen zu können. Ruhezonen waren stets elementarer – ja unverzichtbarer – Bestandteil des Jagdbetriebs in den Revieren von Bundes- und Landesforsten, in denen ich jagen durfte. So kenne ich fünf Schalenwildarten nur tagaktiv. In „meinen" Revieren gab es keine Nachtjagd, kaum Kirrungen, keine geschlossenen Kanzeln. Gejagt wurde nur am Tage – und es wurde mehr als ausreichend Strecke gemacht!

Dabei ging es nicht um die heute modern gewordene Taktik, stetigen Einzelansitz durch wenige gut organisierte Bewegungsjagden zu ersetzen. Sicherlich funktioniert diese Jagdstrategie auch und das sehr gut! In den beschriebenen Revieren aber wurde die größte Menge des Wildes kombiniert geschossen. Tagaktivität und Einzelabschüsse waren kein Widerspruch, solange das Wild Refugien hatte, in denen es dauerhaft unbejagt blieb. Ein oder zwei Drückjagden rundeten jeweils den Jagdbetrieb ab.

Ein wenig jagen funktioniert nicht

Mit der Einrichtung von Ruhezonen oder der Pflege bestehender Ruhezonen ändert sich das Verhalten des Wildes und die Art der Bejagung. Als erstes Beispiel seien die Truppenübungsplätze genannt. Ganze Panzerkompanien sind nicht in der

Lage, das Wild nachhaltig zu beunruhigen oder in die Nacht zu zwingen. Wiederholte Pirschgänge der Jäger schon!

Nach Jahren des Vergleichs von Bundes- und Landesforsten einerseits und verschiedensten Privatrevieren andererseits, bin ich fest davon überzeugt, dass der Leopard 2 und der Bundeswehrsoldat die besten Jagdaufseher sind, die man sich wünschen kann. Trotz Schießbetrieb, trotz Truppenbewegungen per Kette, Rad oder zu Fuß – das Wild bleibt tagaktiv und einfach bejagbar. Warum?

Mitten in den Truppenübungsplätzen finden sich immer wieder Ruhezonen, die vor allen Dingen aus Sicherheitsgründen entstanden sind. Links und rechts der Schießbahnen oder in anderen Gefahrenbereichen hält sich kaum ein Mensch auf. Hier kann das Schalenwild jederzeit ungestört seinen Tagesaktivitäten nachgehen. Endet das Schießen, steht man alsbald vor Rotwild- oder Damwildrudeln sowie Schwarzwildrotten, die in die Bahnen ziehen. Noch nie ging von einem Panzer Gefahr aus. Sie kommen höchst offiziell daher und haben nie gejagt.

„Bei uns funktioniert das nicht"

Ich erlebe teilweise Fassungslosigkeit, wenn ich eigene Bilder zeige oder die Jagdpraxis in den Revieren mit Ruhezonen beschreibe. Folgender Satz ist typisch für Diskussionen über Ruhezonen: „Ihr könnt das ja vielleicht machen, aber bei uns funktioniert das nicht." Falsch! Ruhezonen sind fast überall machbar. Dennoch trifft man bei dem Thema auf viele Ressentiments. Spricht man mit Revierinhabern und Pächtern, äußern sie häufig zwei Annahmen:

1. Sicherlich, so vermuten viele, muss eine Ruhezone riesengroß sein, oder das Revier selber sollte „mindestens 1.000 Hektar umfassen". Diese Irrtümer lassen sich einfach widerlegen, denn es gibt kleine Reviere, die mit ein oder zwei Ruhezonen von je 30 bis 40 Hektar mehr erreicht haben, als umliegende, weit größere Reviere ohne Ruhezone!

Gleich mehrere mir bekannte Reviere belegen dies: Ulrich Herbst, ehemaliger Landesförster, praktizierte das Ruhezonenkonzept jahrelang erfolgreich. Seine Bilder badenden Rotwildes (s. rechts) gingen durch die Jagdpresse. Jörg Rahn, als Landesförster im Revier Dünsche aktiv, besticht durch Fotos tagaktiven Schwarz- und Rotwildes. Das ehemalige Lehrrevier Lanze im Wendland wurde durch Rotwildbilder bekannt, die unter anderem der Wildtierfotograf Burkhard Winsmann-Steins machte.

Alles Reviere in unserer Nachbarschaft, die tagaktives Wild in Kombination mit Ruhezonen kennen!

2. Meines Erachtens macht nur eines das Wild nachtaktiv: ein verfehltes Jagdmanagement. Es ist für uns zwar unbequem, doch in erster Linie sind wir Jäger es, die das Wild in die Nacht verdrängen. Durch intensive Bejagung im schlecht organisierten Daueransitz oder andere wenig geeignete Methoden, zwingen wir das Wild in die Nacht. So stinkt es mal hier nach Mensch, mal dort. Kein Ort im Revier, wo wir nicht auftauchen – und dies ausgerechnet dann, wenn der erste Jogger noch nicht im Revier ist oder der letzte Spaziergänger das Revier bereits lange verlassen hat. Schlimmer noch: Selbst die Nacht wird durchgesessen. Dabei stört und vergrämt nichts Wild nachhaltiger als der regelmäßige Nachtansitz …

Eines ist sicher: Das Wild lernt schnell und weiß parzellenscharf, wo es „Feuer kriegt" und wo nicht (siehe Bilder S. 86). Ich habe mehrfach erlebt, wie Wild noch in der Dämmerung aus dem „Feindlichen" zurückwechselte, um dann, nach wenigen hundert Metern den ganzen Vormittag im Sonnenschein auf Wildwiesen zu liegen. Der Reviernachbar hatte sogar Gelegenheit, von einer seiner Grenzkanzeln – über seine Fütterungs-Rübenberge hinweg – in diese Wiesen zu schauen und sich zu ärgern ...

Wir tragen den Druck erst in die Reviere! Daraus resultieren weitere Probleme der Bejagung – und so entsteht eine Spirale immer neuer Probleme und immer neuen Jagddrucks. So sehr manche Jäger sich davor verschließen, dass es Jagddruck tatsächlich gibt, so treffend ist der Begriff.

Wie kann ich Jagdaktivitäten wildgerechter organisieren und möglichst mehr Strecke machen? Was wir vielerorts brauchen, ist eine „Zonierung" der Reviere. Bauen wir

Erst zögerlich zog das Thema in die Jagdpresse ein. Das große Motiv ist der WILD UND HUND 3/2005 entnommen, das kleine Bild entstammt dem Magazin JÄGER aus dem Jahr 2012. Für die maßgebliche Bebilderung beider Artikel sorgten Motive des ehemaligen Landesförsters Ulrich Herbst (siehe Seite 84).

unser Revier doch gedanklich in verschiedene Zonen auf, die unterschiedliche Bejagungsintensitäten nach sich ziehen, denn in dem Moment, wo wir uns örtlich beschränken, haben wir schon viel erreicht!

Findet sich im Revier eine Parzelle, die ohnehin kaum von Menschen frequentiert wird? Gibt es ruhige Dickungskomplexe mit darin liegenden Schneisen? Findet sich im Revier ein alter, ungenutzter, von einer Dickung umgebener Teich, den kaum jemand kennt? Liegt im

Wild registriert parzellenscharf, wo es beschossen wird und wo dauerhaft Jagdruhe herrscht. So ist es keine Überraschung, hinter unserem Haus verschiedene Schalenwildarten anzutreffen, denn auf der Hofwiese herrscht Frieden.

Bei unseren vierbeinigen Mitbewohnern lösen diese Besucher immer gesteigertes Interesse aus.

Revier ein Bruchwald, der im Winter von Wasser und im Sommer von Mücken „verteidigt" wird? Gibt es ein Waldstück, das kaum von Wegen durchschnitten ist?

Hat das Revier derartige Komplexe ab einer Größe von 20 bis 50 Hektar, die nicht wie ein Handtuch geschnitten sind? Gibt es größere, bereits bekannte und tradierte Haupteinstands- und Äsungsflächen des Schalenwildes? Dann wären diese Komplexe als Ruhezone gut geeignet.

Der Revierinhaber muss ein Auge dafür entwickeln, wo geeignete Komplexe liegen. Es gibt keine „Musterruhezone". Vielerorts sind traditionsreiche und bewährte Wildeinstände vorhanden. Hier gilt es zu überlegen, ob und wie wir diese Bereiche ausbauen können. Das „schlimmste" Bild ist doch die geschlossene Kanzel, die auf einem

Schneisenkreuz zwischen vier Dickungen steht. Was passiert, wenn man diese Kanzel absägt oder einfach nicht mehr benutzt? Ein großer, ruhiger und wildfreundlicher Dickungskomplex würde entstehen ...

Wo würden Sie als Keiler oder Damtier gerne wohnen?

Haben wir einen geeigneten Revierbereich gefunden, gilt es alle Maßnahmen zu ergreifen, die geeignet sind, dieses „Herzstück des Reviers" weiter zu beruhigen. Ohne den Belangen des täglichen Forstbetriebs (Befahrbarkeit für den Revierleiter, offene Wege zur Waldbrandbekämpfung und so weiter) zuwider zu laufen, finden sich immer Wege, die man geschickt verblenden kann.

Was können wir noch tun? Wo nötig, lichten wir innerhalb der Ruhezone Waldwege auf. So entstehen wertvolle Waldinnenränder, und wir holen das Wild aus der „Dunkelhaft" der Einstände heraus. Nur Dickungen und Stangenhölzer erfüllen die Aufgabe einer Ruhezone schlecht, wir müssen auf die jeweiligen Äsungsansprüche schon eingehen: Unsere Ruhe- oder Kernzone wird mit Suhlen und bestellten Wildschneisen (günstiges Dauergrünland) versehen. Bereits hier kann das Schalenwild ganztägig seinem Äsungsrhythmus nachgehen. Nichts anderes schützt besser vor Verbiss- und Schälschäden!

Zwischenfazit: Die Ruhezone ist der Fluchtpunkt jeden Rudels, jeder Rotte, jedes Sprungs. Hier muss das Wild wissen, dass es nichts zu befürchten hat. Nur dann nimmt es bereitwillig immer wieder diesen Komplex an, nur dann erlegen wir schlussendlich mehr. In der Ruhezone kann das Schalenwild ruhen, ziehen, suhlen und äsen, wann es will.

Wieder ist bei der Umsetzung der eine oder andere Jäger das Problem. Da wäre beispielsweise Jagdaufseher J., der meint, tagtäglich durch sein Revier fahren zu müssen. Weg auf und Weg ab durchmisst er sein Revier. Wozu? Er wollte abfährten, die Suhlen kontrollieren, Wild bestätigen. Genau dieses Verhalten ist kontraproduktiv. Lassen Sie Ihr Wild in Ruhe, das Konstrukt nennt sich Ruhezone und nicht Autobahnkreuz.

Folgerichtig liegen in einer Ruhezone auch keine Kirrungen, wozu auch? Jetzt finden sich schon einmal ein paar Tage, wo kein Naturfreund dort aufläuft, da erscheint täglich Jagdpächter H., klappert mit den Türen, bewegt seine Holzkirrungsklötzchen und rumpelt wieder heraus. Auch wir haben feststellen müssen, dass an den meisten Tagen wir es waren, die die Unruhe in den Wald getragen haben. Bleiben Sie bitte heraus aus der Ruhezone, auch wenn es Überwindung kostet. Keine Sorge, Ihr Wild ist noch da.

Natürlich kann ich in meinem Revier „nicht die Welt verbessern", wenn um mich herum nach alten Schemata gejagt wird. Und doch erreichen Reviere immer wieder beachtliche Erfolge, wenn sie ihre Bejagung umstellen. Noch einmal: Man muss nicht ein riesengroßes Revier haben, um sein Wild so zu bejagen. Wer meint, bei ihm „bringe das nichts, weil man nur maximal 20 Rehe und 10 Sauen schießt", der irrt gewaltig.

Ruhezonen erweisen sich oft als wesentlicher Beitrag zur Wildschadensverhütung – dafür geeignete Wilddichten vorausgesetzt. Hinzu kommt, und dies ist wohl ein weiterer entscheidender Faktor, sind sie ausgesprochen kostengünstig. Ruhe und Verzicht kosten eben kein Geld – nur Disziplin.

Dieser Beitrag soll Mut machen, die eigene Jagdpraxis einmal zu überdenken. Das Kuriosum der Ruhezonen war und ist für alle, die dieses Prinzip einführten, die signifikante Steigerung der Abschusszahlen und sinkende Wildschäden. Das Wild wurde damit so erfolgreich an das Revier gebunden, dass es einerseits dauerhafter „verfügbar" war, andererseits oft deutlich weniger zu Schaden ging, weil es seine Rückzugsgebiete hatte und nicht auf der Dauerflucht war. Die Revierinhaber, die Ruhezonen einführten, mussten erst lernen, dass sie ihr Wild tatsächlich bekommen. Das Vertrauen in das Jagdprinzip stieg von Jahr zu Jahr – der Erfolg gab den Ruhezonen-Anlegern letztlich Recht.

Feindbild Reiter, Spaziergänger, Harvester? Am 29. August entstand ein Bild von einem Damtier, dann lichtete die Wildkamera zwei Tage lang nur die Forstmaschine ab. Kaum war sie verschwunden, war das Wild bereits am Folgetag wieder zurück gekehrt.

MINOX
JPB -MX -1
29 AUG 11 04:54 PM

MINOX
JPB -MX -1
31 AUG 11 09:14 AM

MINOX
JPB -MX -1
01 SEP 11 06:02 PM

Der Jagdmonat August

Der Jagdmonat August

Von Peter Burkhardt

Der August ist die Zeit zahlreicher Wechsel! Mancher Bock verlässt gegen Ende der Jagdzeit sein Territorium, um auch in größerer Entfernung nach der Damenwelt zu schauen. Die ersten Rothirsche ziehen gegen Monatsende aus ihren Feisteinständen in die Brunftreviere. Die Ernte auf den Feldern führt zu zahlreichen Veränderungen, vieles Wild muss sich umstellen und findet sich wieder im Wald ein.

Der wichtigster Punkt in einem Waldrevier ist jedoch, dass die Jagdzeit auf Rothirsche begonnen hat. Wie viele Jägerinnen und Jäger am letzten Abend des Juli wohl schon ausgezogen sind, um in den Morgenstunden des ersten August bereits vor Ort zu sein – im Revier, in der Jagdhütte oder schon die Nacht über auf der aussichtsreichen Kanzel zu verbringen?

Es gibt immer wieder Termine im Jahr, an denen ich derartige Gedanken hege, viel an Jagdfreunde denke, aber auch an mir völlig unbekannte Nimrode. Der erste Mai ist auch so ein Datum, der 31. Januar ein weiterer Termin. Wie viele Jägerinnen und Jäger sitzen dann wohl an? Wie unterschiedlich die Jäger in diesen Tagen an die Rothirsche herangehen müssen: Befinden wir uns in einem Rotwildrevier, aus dem die Hirsche abwandern? Ist es ein Kahlwildrevier, in das die Hirsche nur zur Brunft ziehen? Oder handelt es sich um eines der glücklichen Reviere, das ganzjährig Hirsche und Kahlwild beherbergt?

Unsere Jagdfreunde nur wenige Kilometer weiter haben nicht viel Zeit, da sie in einem Revier jagen, das den Geweihten „nur" als Feisteinstand dient. Dort lautet die Devise: „Wir müssen früh unsere Hirsche bekommen, sonst sind sie zur Brunft weg."

Anfang August wird hier früh morgens und am Abend bis zum letzten Büchsenlicht angesessen. Aber wo?

Die Hirsche, die wir eben noch im Feld antreffen konnten, stehen nun – frisch verfegt und unsichtbar – in den Beständen, in Feldholzinseln oder haben damit begonnen, zwischen Wald und Feld hin und her zu pendeln. Wo liegen ihre Einstände? Welche Äsung nehmen sie jetzt an?

Vorteilhaft wirkt sich im August aus, dass viele Hirsche (noch) im Rudel stehen und uns so den Vergleich beziehungsweise die Altersansprache erleichtern. Den da hinten hätte ich hinsichtlich seiner Trophäe schon als stark angesprochen, aber wenn ich erst den anderen hier vorne sehe …

Ein Nachteil ist zwangsläufig die Beunruhigung des Reviers durch die Präsenz des Jägers und seine Jagd. Gibt es eine reelle Chance oder stört er zu massiv?

In Feldrevieren stellt sich diese Frage nicht, denn nicht nur die Herren Geweihten drehen an der Uhr: Wann, so bangt der Jäger, werden die nächsten Getreideschläge abgeerntet? Hilft der Regen, die Ernte zu verzögern (entschuldigt, verehrte Landwirte) oder nimmt er mir das Büchsenlicht? Manchmal entscheiden nur wenige Stunden darüber, ob die Erlegung des ersehnten Hirsches noch gelingt.

In Waldrevieren, aus denen irgendwann die Feisthirsche abwandern, stellt sich die Lage ähnlich dar. Wenigstens der Aspekt der Ernte bleibt den Waidmännern hier aber erspart. Doch lauert anderes Ungemach: Der traditionelle Sommerlauf des Sportvereins führt nicht durch den Weizen sondern durch den schönen Forst, das internationale Treffen der Distanzreiter sieht Strecken durch die Wälder vor, nicht durch Maisschläge. Sind also die Reiter schuld? Mitnichten! Die „Gefahr" – so unbestimmt sie auch sein mag – ging aus Sicht des Rotwildes noch nie von Reitern aus, auch nicht von Kutschfahrern. Die Distanzreiter aus vielen Nationen konnten, wie die Kutschfahrer, hinterher eine Menge über das Wild berichten, das sie unterwegs angetroffen hatten.

Leergekirrt? Leergefährtet?

Die unbestimmte Gefahr stellen Jäger dar. Tägliches Abfährten abseits großer Hauptwege lautet das Todesurteil für die erfolgreiche Feisthirschjagd (s. Kapitel über Ruhezonen). Jeden Tag wird selbst in den

Einständen abgefährtet, dauerhaft nachts und vor allen Dingen an vielen Stellen angesessen. Die heimlichsten Suhlen werden aufgesucht, nur um mit der Erkenntnis zurück zu kommen, ob nun darin eine Hirschfährte steht oder nicht.

Wieder ging unser Gedankengang von der falschen Richtung aus, wieder haben nur die Jäger sich selbst im Blick. Wie kann ich an den Hirsch herankommen, wie kann ich feststellen, wo ein Geweihter zieht?

Denken Sie mehr aus der Sicht des Wildes

Denken wir doch einmal anders herum. Was brauche ich denn als Feisthirsch? Welche Äsung hätte er gerne? Wo kann ich mich abkühlen, wo finde ich (wichtig!) meine Ruhe?

Der Feisthirsch hat zwei verwundbare Stellen: Zunächst ist die Äsungsaufnahme sein oberstes Gebot. Daher kommt der Äsung im Revier eine große Bedeutung zu. Schaffen wir es, durch besondere Leckerbissen unsere Feisthirsche einerseits an das Revier zu binden und andererseits sie auf diese Flächen zu locken?

Die zweite Achillesferse des Geweihten: Nichts liebt der Feisthirsch in den heißen Sommertagen mehr als ein kühlendes Schlammbad! Jetzt bewähren sich unsere Suhlen, die wir rechtzeitig gepflegt haben und an denen auch schon seit langer Zeit Ruhe herrscht. Liegt eine davon zwischen Äsungsflächen im Feld oder an einer unserer Wildwiesen und den bewährten Einständen?

Der Ansitz an diesen Suhlen lohnt sich sogar um die Mittagsstunden und birgt um diese Zeit noch einen Vorteil: Wir stören nicht beim Aus- und Einwechseln in den Abend- und Morgenstunden, haben – hoffentlich – eine genaue Vorstellung, wo der Hirsch herkommt (Einstand) und wo er hin will (Äsung/Suhle). Natürlich haben wir den Wind vor Ort rechtzeitig und gewissenhaft prüfen können.

Und wieder lautet zum oben zuvor genannten Beispiel die Kernfrage: Was mögen Hirsche nicht? Im Revierteil XYZ liegt eine schon in den vergangenen Jahren gerne von den Feisthirschen frequentierte Fläche. Muss ich da immer noch täglich abfährten? Bitte nicht.

In wenigen Tagen stehen diese beiden nicht mehr friedlich nebeneinander.

Auch dieser Schaufler fegt im August sein Geweih – eine blutige Angelegenheit.

Wir haben an einer Wildackerfläche eine kleine Ansitzeinrichtung. Sie steht circa fünfzig Meter tief im lichten Bestand und ist gut gedeckt anzugehen. Beim vierten Ansitz fiel ein Achter, abgefährtet hat vorher und hinterher niemand. Wozu auch? Am Rande des Äsungsstreifens waren längst zwei Suhlen entstanden und auf dem Acker war alles frisch und saftig grün.

Ein Achter? Fast immer verknüpfen wir unsere Gedanken und Bemerkungen rund um den Feisthirsch mit alten Recken. Aber warum nicht auch in andere Klassen eingreifen? Es ist doch letztlich nur zielführend,

Tarnnetzhandschuhe, Zielstock, Blatter, Sommergewitter, plötzlich auftauchende, bisher unbekannte Böcke: Die Blattzeit ist in vollem Gange und ...

... birgt Überraschungen wie diese. Im Morgendunst entdeckte ich auf einer Waldwiese diesen jungen Bock, der sich für die schwarze Ricke interessierte. Letztgenannte war also auch wieder da. Doch wo hatten sie und ihr Kitz bloß die letzten Wochen gesteckt?

jetzt schon einen III b zu schießen (heute gerne auch „Jugendklasse" genannt). Bitte kein Futterneid, liebe Mitjäger. Um im Sprachbild zu bleiben: Die Erlegung des Achters erbrachte über 100 Kilogramm bestes Wildbret, aber keinen Brunftfleck und keinen Gestank – noch Fragen? ...

Jeder Rotwildjäger kennt den albernen Spruch: „Der Feisthirsch ist ein Waldgespenst, das Du nur ahnst, doch niemals kennst ..."

Wer häufig die Gelegenheit hat, die „Waldgespenster" zu beobachten, stellt fest, dass sich viele Mythen und Sagen auf einen menschlichen

Wesenszug reduzieren lassen: Faulheit. Geringer Bewegungsradius, großes Ruhebedürfnis, gute Äsung – auf diesen unspektakulären Dreiklang beschränkt sich der Rothirsch in der Feiste, seinem ganz privaten Sommerloch, das bis zum September andauern kann.

Ob alter Recke oder jüngerer Hirsch: Die Jagd auf den Feisthirsch ist vielerorts Knochenarbeit. Hitze, Zeitaufwand, Mücken, Termindruck privat wie beruflich verlangen vom Jäger viel Planung – sowie innenpolitisches (Ehefrau, Kinder, Urlaub ...) und außenpolitisches (Firma, Job ...) Geschick.

Im August schon die Drückjagd im Auge haben

Eine andere Jagdart im Waldrevier ist die Blattjagd, die ich besonders spannend finde. Gerade in unterholzreichen Beständen zaubert erst das Blatten den einen oder anderen Bock wieder aus der Deckung. In den vergangenen beiden Monaten hatten wir fast schon den Eindruck, als hätten sich die Böcke in Luft aufgelöst. Aber nein, sie waren da, nur für uns im „Dschungel" unsichtbar. Zwischen zwei Dickungen im rau-men Holz wollen wir blatten – und so vielleicht einen der Herren wieder sichtbar machen! Ein einfacher Erdschirm dient uns zur Tarnung. Zwei Jagen weiter nutzen wir einen kleinen Ansitzbock, der, mit nur vier Stufen versehen, uns minimal vom Erdboden abhebt. Hohe Leitern oder gar Kanzeln meiden wir zum Musizieren.

Bei der Jagd im August fällt mir in diesem Jahr auf, dass sich erste Rotten aus den Feldern wieder in den Wald beziehungsweise Feld-Wald-Randlagen aufmachen. Immer häufiger stehen ihre Fährten im Sand. Das lässt mich an unsere letzte Drückjagd denken, die uns einige Schwarzkittel einbrachte. Drückjagd? Gutes Stichwort, denn ein weiteres Beispiel typischer August-Tätigkeiten (wenn Sie sich nicht bereits im Juni oder Juli darum gekümmert haben) ist die zügige Überprüfung der Drückjagdeinrichtungen.

Ist im Revier alles in Ordnung? Dann können jetzt Einladungen verschickt werden und, nicht minder wichtig, die Schar der gut eingespielten Helfer „gebucht". Die Zeit drängt! Lassen Sie uns mit der Organisation beginnen.

Vorbereitungen für den großen Tag des Jahres

Von Jonas Burkhardt und Timo Hilgers

In vielen Revieren findet zumeist nur einmal im Jahr eine mehr oder minder große Drückjagd statt. Einige reihen sich in revierübergreifende Drückjagden ein, andere planen auch eigenständig diesen Tag. Wer eine Drückjagd in seinem Waldrevier durchführt, empfindet nicht eben selten diese Stunden als das Ereignis des Jahres. Es lohnt sich daher, die Organisation einer solchen Jagd, die ein umfangreiches und komplexes Angehen umfasst, genauer zu betrachten.

Verschiedene Menschen nehmen an solchen Jagden teil. Viele von ihnen haben feste Funktionen, sie sind ein unverzichtbarere Bestandteil eines geordneten Ablaufs. Ein Teil ist nur Gast, andere fungieren als Zeremonienmeister. Und nicht zu vergessen: das Ganze ist eine hochgefährliche Angelegenheit – was wiederum, so mag manche/r denken, einen trefflichen Bogen zu einer Hochzeit spannt. Deshalb beginnt die Planung des großen Ereignisses frühzeitig – eben genau wie bei einer Trauung!

Vielfach erlebten wir bei Drückjagden unkoordinierte Abläufe, ein großes Durcheinander und Jagdleitungen, die sich in Kleinigkeiten des Jagdtages hoffnungslos verzettelten. Dies kann schon einmal vorkommen, denn nicht jeder ist so routiniert bei der Planung einer komplexen Drückjagd, wie beispielsweise Förster oder Berufsjäger, die dies oft seit langem und unter Umständen mehrfach im Jahr tun. Legen wir uns aber von vornherein Ablaufpläne, Organisationsstrukturen und Checklisten zurecht, kann sich jede Jagdherrin und jeder Jagdherr die Organisation eines solchen jadlichen Ereignisses zutrauen.

In unserem gedanklichen Hochzeitsmodell nehmen die Jagdherrin / der

Jagdherr die Funktion des Brautpaares ein. Niemand käme auf die Idee, den Brautleuten am Hochzeitstag aufzuerlegen, dass sie selber noch Gäste bedienen oder Blumen arrangieren.

Ein Drückjagdtag im Revier ist möglicherweise DAS jagdliche Ereignis des Jahres. Deshalb beginnt die Planung bereits im Sommer! Foto: Frederik Mann

Wie ist es dann möglich, dass bei einer der letzten Drückjagden ein Jagdherr minutenlang damit beschäftigt war, für andere Leute Aufbrechhandschuhe zu suchen? Auch die Erlegerliste war vor der Bruchübergabe unvollständig, zwei Schützen erhielten daher gar keinen Bruch. Ein Jäger wurde gar auf seinem Stand vergessen ...

Daher eine dringliche Bitte: Wer sich in seiner Funktion als Revierinhaber zu einer Drückjagd entschließt, klammert sich aus allen Funktionen der Jagd aus! Das hat nichts mit

Beispiel für eine Drückjagd-Checkliste

Administration		Termin, Freigabe, Ablaufplan	Erste Vorplanung
	Einladungen	Rückmeldungen bis	zugesagt haben …
	Behörde	Verkehrssicherung	Abholtermin Schilder / Bauhof
	Einkäufe	für Streckenplatz / Helfer	Bläser?
		für das Schüsseltreiben	Ort festlegen (Saal buchen)
	Verkauf	privat / Wildhändler angefragt?	Zusagen? Interessenten?
	Einteilung	Kundige Gruppenführer	Fahrzeuge / Transport / Wildbergung
		Aufsicht / Orga. Streckenplatz	Aufbrechkommando?
		- Wildwaage	Wildlisten
		- Streckelegen	Trichinenproben
		- Verköstigung / Sitzgelegenheiten	
		- Kühlung / Abtransport	Käufer / Preise?
		Koordinator Nachsuchen	Rückkopplung Hundeführer
	Nachbarn	Wildfolgevereinbarungen	Meldung / Hunde / Nachbarn einladen
Revier	Überprüfung	Ansitzeinrichtungen	umstellen / freischneiden
		Kennzeichnung Stände / Wege	Karten aktualisieren
		Ablaufplan An- & Abfahrt	
		Wege der Treiber	Sektoren festlegen / Zeitplan überprüfen
		Stände / Wege Hundeführer	Absprache mit Nachbarn
Jagdtag	Jagdleitung	Begrüßung	Freigabe / Ablauf / Hinweise UVV etc.
		Ansprache / Strecke	Brüche? Weiterer Ablauf?
	Helfer	Verkehrssicherung	Wildversorger / Proben ziehen
		Jagdscheinkontrolle	
		Ausgabe Warnwesten	
		Farbbänder (Anschüsse)	kann an der Standkarte hängen
		Standkarten	evt. mit Eintrag Schüsse / Sichtungen
		Ohrmarken	an Schützen oder Gruppenführer
	Helfer Strecke	gemäß Einteilung, siehe oben	Bläser

herrschaftlichem Denken zu tun. Stattdessen braucht dieser Jagdtag eine Leitung. Der Jagdherr begrüßt, erteilt die Freigabe, stellt seine Helfer vor – und zum Ende der Jagd hält er seine zweite Rede und übergibt die Brüche. Jagdherrin und / oder Jagdherr übernehmen die Funktion des Brautpaars. Sie sind die Hauptpersonen an diesem Tag. Halten Sie sich Ihren Kopf und Ihre Zeit frei, als Hauptansprechpartner sind Sie noch oft genug zwischendurch gefordert.

Viele unverzichtbare Helfer

Weit vor dem Jagdbeginn, im Frühjahr / -sommer, stellen wir die Liste unserer unverzichtbaren Helfer zusammen und laden diese Mitarbeiter bereits ein. Der Trauungstermin wurde doch auch lange vorab mit dem Standesbeamten oder dem Pastor besprochen. Ortskundige Treiber, die Leitung auf dem Streckenplatz, der Koordinator der Nachsuchen, mehrere Hundeführer – ebenso wie bei einer Hochzeit bedarf es vieler helfender Hände, soll der Tag gelingen.

Bereits im Sommer schwärmt das „Team Ständekontrolle" aus und ersetzt Drückjagdböcke, die marode sind, verbessert die Kennzeichnung, schneidet frei und aktualisiert die Karten. In unserem Revier sind wir damit bereits Ende Juli / Anfang August fertig und vermeiden somit Störungen zur Brunft oder gar kurz vor dem Jagdtermin. Der Getränkelieferant hat unsere Bestellung gebucht, Pickup-Fahrer mit Anhänger haben den Termin bereits auch schon lange im Kalender.

Um bestmöglich planen zu können, möchten Sie bei einer größeren Veranstaltung natürlich gerne frühzeitig wissen, welche Gäste schlussendlich kommen – ob nun bei einer Hochzeit oder Drückjagd. Die ebenfalls im Frühling verschickten Einladungen enthalten den unverzichtbaren Passus „um Antwort wird gebeten bis zum ...". Fordern Sie bitte zeitnah die Rückmeldungen ein. Jeder Gast muss in der Lage sein, innerhalb von 21 Tagen gegebenfalls zu- oder abzusagen. Das gilt für Hochzeiten und für Jagden gleichermaßen.

Wenn Sie sich für Ihre Hochzeit ein ausgefallenes Datum wie den 11.11.2011 ausgesucht hätten, würden Sie dann nicht dafür sorgen, dass auch der Gastwirt und die Standesbeamtin Zeit für Sie haben? Analog gilt das für Ihre große Jagd. Der November hat für viele gute Hundeführer und Schützen vor allen Dingen einen Nachteil: Er hat mindestens acht bis zehn Wochenenden zu wenig.

Bewährte Mitjäger und -helfer sind häufig im November und Dezember an den Wochenenden gleich mehrfach überbucht, drei Einladungen für einen Samstag sind keine Seltenheit. Wie war das mit dem Hochzeitstermin am 11.11.2011? Die Anfang Oktober gegenüber der Standesbeamtin geäußerte Bitte, dass Sie an diesem Tag heiraten möchten, wurde mit einem freundlichen, aber klaren „Alle Termine bereits vergeben" beantwortet. Und die Antwort bei Ihrer Lieblingslokalität für die Feier lautete nur lapidar: „Heute geschlossene Gesellschaft." Schade, hätten Sie nur rechtzeitig geplant!

Gute Planung = gutes Personal

Zurück zur Jagd: Schon die Aufteilung der Jagdgäste in Fahrgemeinschaften, deren Ausrücken und die Touren zurück, folgen einer genauen Choreografie. Daraus wird ersichtlich, dass kein eingeteilter Fahrer, der weitere Schützen mit ins Revier nehmen soll, absagen darf.

Scheuen Sie sich nicht, im Vorfeld Ihrer Planung lieber einen Posten mehr als einen zu wenig zu vergeben. Wichtig ist, dass sich die jeweiligen Teams wirklich nur im ihre Aufgabe und nichts anderes kümmern – sonst gibt es Chaos. Ein Beispiel: Mindestens zwei Personen sind für das Versorgen der Strecke verantwortlich. Sie helfen den aufbrechenden Mitjägern, haben im Vorfeld für Aufbrechböcke, Wasser und Handschuhe gesorgt und gehen allen zur Hand, die dort mit erlegtem Wild erscheinen. Sie hätten sogar vier firme Aufbrechhelfer? Nutzen Sie das bitte! Je professioneller und sorgsamer aufgebrochen wird, desto besser steht es um das Wildbret.

Immer wieder finden sich Gäste, die gerne viel schießen, aber zum Aufbrechen erstaunlicherweise nie Zeit finden. Ob Sie diese dazu zwangsverpflichten, ist Ihre Sache. Ob Sie die ungeliebte Tante Inge zu Ihrer Hochzeit einladen, nur weil es Ihre Tante ist, übrigens auch. Andererseits gibt es wirklich nette Mitjäger, von denen man hoffen mag, dass sie alles tun, nur nicht aufbrechen. Erinnern Sie sich an die letzte große Familienfeier? Es war schwierig genug, die liebe Oma Grete davon abzuhalten, ihr neuestes Gedicht vorzutragen.

Unser Freund Wilhelm (Name geändert) schießt äußerst sauber und gut, schafft es aber mühelos, anschließend die erlegten Stücke bis zur Unkenntlichkeit zu „zerschnippeln". Hier ist Ihr Aufbrechpersonal gefordert. Wilhelm hält ab sofort die Läufe, das Team bricht auf. Dafür spült der Erleger seine Stücke hinterher aus, trägt somit etwas bei und wahrt sein Gesicht.

Wer macht die Dekoration?

Bei Strecken mit Schwarzwild ist eine lückenlose Erfassung aller Stücke unverzichtbar, das präzise Nummerieren / Kennzeichnen der Sauen und das perfekte Ziehen von Trichinenproben ebenso. Stellen Sie nur dafür ein oder zwei Personen ab. Verschieben Sie unter Umständen die Trichinenproben auf den Folgetag – nur werden Sie sich über das Procedere mit Ihren Helfern im Vorfeld einig. Bei uns wird zum Streckelegen unser nichtjagender Tierarzt eingeladen. Er hat Getränke und Suppe frei, macht hier nebenbei „Unterricht" in Wildbrethygiene, dann dort eine Fleischbeschau. Da wir über hinreichend Helfer verfügen, fährt er, nachdem er locker für zwei gegessen hat, mit den Trichinenproben und dazugehörigen Formularen ab. Aber: Auch er muss rechtzeitig eingeladen werden, damit er gegebenfalls seinen Dienst am Wochenende entsprechend einteilen kann.

Die Stücke sind (gerne hängend) aufgebrochen und gekennzeichnet? Wiederum zwei oder mehr Helfer bewegen nun das Wild zusammen mit den Erlegern weiter zum mit Ästen und Fackeln dekorierten Streckenplatz. Brüche wurden bereits vorbereitet. Für das Legen der Strecke steht ein weiteres Team zur Verfügung.

Rückmeldungen sind alle eingetroffen, Funktioner und Hndeführer gebucht? Dann können wir uns im August mit den letzten Drückjagdständen befassen und hoffnungsfroh auf den anberaumten „Hochzeitstermin" im Oktober warten.

Runter von Kanzeln, weg von Wegen – rein in die Bestände!

Von Jonas Burkhardt und Timo Hilgers

Entschuldigen Sie, dass wir Sie bezüglich Ihrer Feisthirsch-Aktivitäten im August unterbrechen, aber die Planung für das Großereignis des Jahres muss weitergehen (Sie erinnern sich: Hochzeit/Jagd?). Wir beschäftigen uns nun mit der Sitzordnung und Tischkärtchen, das heißt: Neben einem koordinierten Anstellen der Schützen und dem gezielten Treibereinsatz ist die Position der Drückjagdsitze maßgeblich für den Erfolg bei einer Bewegungsjagd (auf Rotwild) verantwortlich!

Selbstverständlich möchte der Jagdherr jedem Schützen das Gefühl vermitteln, einen erfolgversprechenden Stand bezogen zu haben. Auf diese Weise werden häufig Lichtungen, Waldwege und Wiesen als vermeintlich gute Stände auserkoren. Ein solches Vorgehen beschert dem Schützen zwar durchaus Anblick, jedoch kommen nur wenige von ihnen zu Schuss, wobei außerdem die Trefferlage vergleichsweise schlecht ausfällt. So währt die Freude über die schöne Aussicht auf eine breite Waldwiese nur kurz, wenn am Ende der Jagd kein sicherer Schuss möglich war oder gar Nachsuchen anstehen. „Das Rudel hat die Fläche in hohem Tempo überwunden und ist erst im Bestand wieder langsamer geworden“, heißt es dann regelmäßig, wenn die Schützen beim Schüsseltreiben von ihren Erlebnissen berichten.

Unter Beunruhigung und Jagddruck ist Rotwild in der Lage, sowohl kleinräumig zu reagieren als auch bei unmittelbarer Gefahr, das Geschehen über längere Distanzen zu verlassen. Dabei überquert das Wild Freiflächen und Schneisen oftmals flüchtig. Auffällig hingegen ist das ruhige, aber zielgerichtete Vorgehen der Rudel innerhalb der

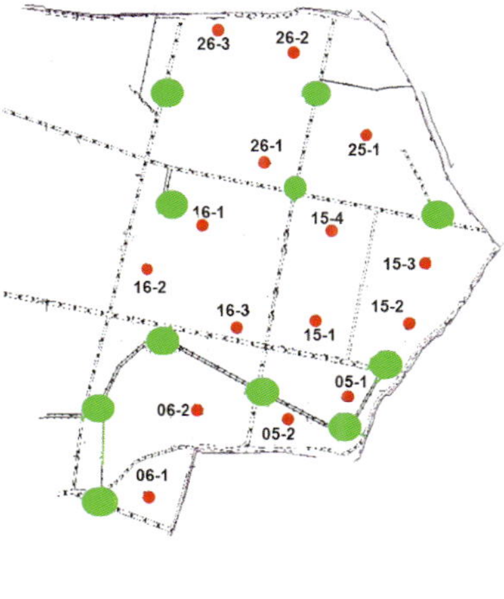

So steht ein Drückjagdstand günstig, abseits der Wege an einem Wechsel.

Ein schönes Beispiel für eine „doppelte Möblierung": Kanzeln an den Gestellen (Grün), Drückjagdböcke im Bestand (Rot). Skizze: Reinhard Behn

Dickungen und Stangenhölzer. So erscheint das Wild in dichteren Beständen häufiger langsam. Darüberhinaus wählt Rotwild oft frequentierte Wechsel, agiert jedoch dabei äußerst überlegt. Während sich Rehwild meist nur kleinräumig bewegt, sich wegdrückt oder oft planlos flüchtet, Schwarzwild auf dem kürzesten Wege – und sei es „durch" einen Treiber hindurch – von einer Deckung zur nächsten flüchtet, hat Rotwild das Haupt stets oben! Generell haben wir beobachtet, dass Rot- und Damwild fast durchweg durch raumes, helles Holz, Sauen hingegen in das Dunkle des Waldes flüchten. Außerdem haben wir festgestellt, dass Rotwild durch scheinbare Denkprozesse in der Lage ist, Lücken in unserem Drückjagdsystem auszumachen und zu nutzen. Nicht selten scheint das Leittier beim Zwischenstopp über das weitere Vorgehen intensiv nachzudenken, um daraufhin sein Rudel zwischen zwei Schützenständen relativ sicher aus dem Treiben zu führen.

Wenig Schussfeld? Prima!

Diese Beobachtungen haben uns zu folgendem Ergebnis kommen lassen: Ein guter Drückjagdstand für die Jagd – nicht nur für Rotwild – liegt direkt im Bestand. Das Schussfeld mag dort kleiner sein, aber hier wechselt das Wild in der Regel wesentlich langsamer an. Aufgrund dieser beiden Parameter werden somit nicht nur gute Schüsse möglich, sondern auch das Ansprechen des Wildes fällt oft leichter.

Immer wieder haben wir es erlebt, dass Revierinhaber auch bei Drückjagden ihre Kanzeln besetzen lassen. Diese sind nicht nur aus den genannten Gründen ungeeignet. Sie bieten zu wenig Übersicht, ermöglichen es dem Schützen nicht, „mit den Ohren zu jagen". Ferner sind Kanzelfenster niemals ein Ersatz für offene Drückjagdböcke. Wie soll der Schütze in der Enge mit schwingen, wenn das Wild kommt? Auch Jäger auf die Plattformen vor der Kanzeltür zu platzieren, ist keine Lösung, und ist außerdem auch noch gefährlich.

Zwischen diesen beiden Bildern (Markierung der Stände / Beginn des Treibens) liegen mehrere Wochen Planung, zahlreiche Telefonate, umfangreiche Revierarbeiten, Rückrufe, Zusagen, Vorfreude, Anspannung – wie bei einer Hochzeit.

Jedes Revier ist daher gut beraten, eine zweite Garnitur Reviereinrichtungen vorzuhalten, die voll auf die Belange einer Drückjagd zugeschnitten ist. Diese „doppelte Bestuhlung" ist der Kern der Drückjagdplanung und für die Verteilung der Stände sowie den Jagderfolg von maßgeblicher Bedeutung!

Denken Sie bei der Einrichtung wie ein Leittier, nicht wie ein Jäger! Wo bietet sich Deckung? Wie kann ich mein Rudel unbeschossen aus dem Treiben führen? Wo habe ich Übersicht? Wo finden sich bekannte und vertraute Wechsel, die auch unter Druck immer wieder angenommen werden? Um die Stände ideal auszuwählen, sind eine gute Revierkenntnis und ständige Optimierung der Standorte unumgänglich.

Rotwild bildet Taktiken aus

Nur wer (wie wir) schon mehrere Male im Rotwild seinen Meister gefunden hat, wird nach und nach sein Konzept finden, das aus einem Zusammenspiel von Standwahl, Anstellen der Schützen und Vorgehen beim Treiben besteht. Unsere Drückjagdkonstrukte sind nie starre Angelegenheiten. Jedes Jahr verändert sich das Revier, jedes Jahr wird weiter optimiert, werden Schützen befragt und Ergebnisse ausgewertet: Vermeintliche Kaiserstände waren keine, unscheinbare Randlagen erbrachten überraschende Erfolge.

Es gibt sogar Stände, die werden von uns bewusst „schlechter gestellt". Dort, wo sich Gefährdungsbereiche auftun (Straßen, Nachbarstand etc.), versetzen wir die Sitze so, dass zwar Schussmöglichkeiten wegfallen, dafür aber die verbleibenden beherrschbarer sind.

Im Juli und August ist die Zeit, in der wir alle unsere Drückjagdböcke kontrollieren, wenn nötig reparieren oder umstellen. Wir nutzen zumeist den Juli, seltener die erste Augustwoche für die Rundfahrt zu den Drückjagdböcken. Wir können uns das am Monatsbeginn gerade noch erlauben, da bei uns erst gegen Mitte August Hirsche zuwandern. Planen Sie Ihren Drückjagdtermin im Dezember, reicht es völlig aus, diese Tour im Oktober zu machen. Wichtig ist nur, dass Sie mindestens einen, besser zwei Monate vor dem Drückjagdtag mit den Arbeiten fertig sind. Und ganz wichtig: Drei

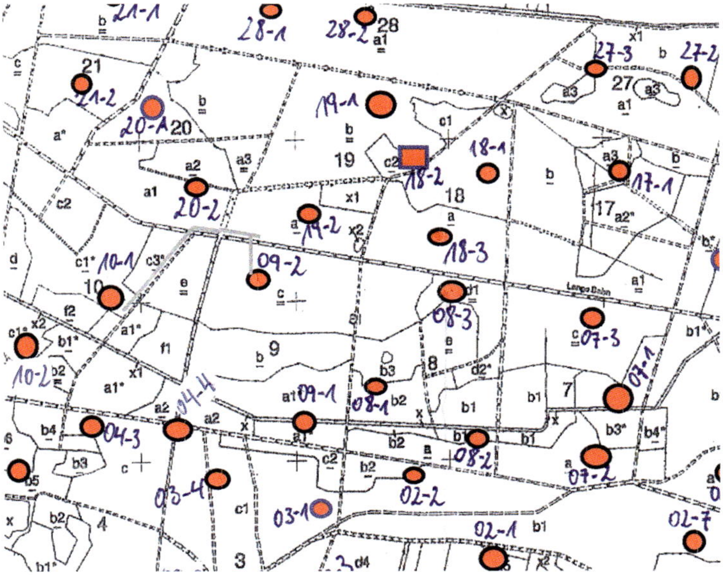

Jeder alte Sitz wird überprüft, neue in die Revierkarte eingetragen und benannt. Deutliche, weithin sichtbare Farbzeichen mit gleicher Bezeichnung, zum Beispiel 17-1, weisen die Wege zu jedem Drückjagdbock. Jeder ortsunkundige Schütze muss mit Hilfe dieser Kennzeichnungen sicher den Weg zu seinem Stand finden können. Skizze: Reinhard Behn

Wochen vor Jagdbeginn herrscht absolute Jagdruhe!

Bei uns haben sich Stände aus Lärche, Douglasie oder Eiche (letztere hält sehr lange, ist aber sehr schwer) bestens bewährt. Ob jemand alle Böcke mit Tarnnetzen verblendet oder stattdessen Schwarten oder Äste benutzt, ist Geschmackssache und dem Zeitaufwand geschuldet. Wer kann, baut seine Drückjagdeinrichtungen per Schablone, um Arbeitsabläufe zu optimieren. Wichtig ist eine ausreichend große Bodenfläche, die genug Standplatz für den Schützen bietet. Nach verschiedenen Versuchen, die Plattform rutschsicher zu machen (zum Beispiel mit Maschendraht), sind wir dazu übergegangen, nur einige Krampen in die Bodenbretter einzuschlagen. Draht macht zwar die Bodenbretter sicher, es bleibt aber auch eine Menge Nadelstreu und Blätter darin hängen. Die Folge war bei uns moderndes Holz, sodass wir den Draht kurzerhand wieder entfernt haben. Die stecken gebliebenen Krampen erfüllen von da an ihren Zweck.

Neue Sitze erhalten jeweils circa zehn Krampen in die Bretter. Fertig ist ein Noppenprofil, das Schuhwerk und Schützen gut hält.

Auf jeden Fall auffallen

Der Sitz steht stabil, Steine liegen unter den Füßen, die Gewehrauflage (beweglich, optional einsetzbar) und das Sitzbrett (hochklappbar) liegen oben. Nun werden die Markierungen um den Sitz herum erneuert. Deutliche, weithin sichtbare Farbzeichen weisen die Wege zu jedem Drückjagdbock. Jeder ortsunkundige Schütze muss mit Hilfe dieser klar ersichtlichen Kennzeichnung den Weg zu seinem Stand finden können. Umherirrende Jäger, die ihren Drückjagdbock nicht auf direktem Wege beziehen, sind nicht nur Gefahren ausgesetzt, sondern können unter Umständen die jagdstrategischen Planungen komplett zunichte machen.

Der Drückjagdbock ist frei geschnitten, ein weiteres Bäumchen gefällt und die Markierung zum Stand ist fertig. Nun heißt es: Bitte Platz nehmen. Ein Helfer dirigiert von oben einen zweiten zu den letzten Hindernissen, die abgesägt werden. Zweite entscheidende Frage: Wer kann wen gefährden? Besteht von diesem Stand auch nur die vage Chance, einen anderen Stand zu beschießen, werden Sicherheitssektoren an die Bäume gesprüht. Bei uns sind es große Ausrufezeichen in Kombination mit Pfeilen, die den Jäger später erkennen lassen, welchen Sektor er keinesfalls beschießen darf. Diese Kennzeichnung wird anschließend sofort von der Gegenseite wiederholt. Später wird auch von dem anderen Stand aus kontrolliert, ob die Markierungen richtig angebracht worden sind. Wer sich entschließt, bei seiner Jagd Standkarten zu verteilen, trägt darin natürlich die Sicherheitssektoren mit ein.

Am Fuße der Reparatur- und Neuerrichtungsrunden wird zuhause die Revierkarte überarbeitet. Neue Stände werden erfasst, abgebaute Sitze gestrichen. Die Revierkarte (siehe Seite 109 oben) bildet die Grundlage für jenes Kartenwerk, das unsere Ansteller / Gruppenführer am Jagdtag ausgehändigt bekommen. Am Ende sind sämtliche Karten auf dem aktuellen Stand – und alle Beteiligten können neu eingewiesen werden. Gibt es neue Gruppenführer, werden diese jetzt – und nicht eine Woche vor der Jagd –

in ihren Parcours eingewiesen. Idealerweise rekrutieren wir unsere Reparaturhelfer aus dem Kreis der späteren Ansteller. So sind einige von ihnen schon jetzt über Veränderungen im Bilde. Vier bis sechs Personen, aufgeteilt in zwei Teams und ein Wochenende, reichen uns in der Regel, dann ist unsere doppelte Bestuhlung wieder auf dem neuesten Stand – die Jagd im Herbst kann kommen.

Am Ende der Vorbereitung braucht jeder Stand eine „klare Gefechtslage". Jeder Schütze – Ihre Gäste kennen sich nicht aus! – muss an seinem Stand Sicherheitskorridore erkennen können und wissen, wo er hinschießen darf und wo nicht. Hier stellten wir eine solche Szene mit dem markierten Baum von Seite 107 einmal nach.

Der Jagdmonat September

Der Jagdmonat September

Von Peter Burkhardt

Während sich die Hauptsaison des Landwirtes in diesem Monat dem Ende nähert, beginnt ab September die Haupterntezeit des Jägers. Ein Blick in den Jagdschein zeigt, dass der „Feldjagdmonat" oder „Schneiding" wie der September auch genannt wird, vielfältige Jagdmöglichkeiten und -freuden bereit hält. Und noch ein weiterer Name ist für den September bezeichnend: Der „Herbsting" – die dritte Jahreszeit ist angebrochen.

Jacke aus, Jacke an

Beim Rotwild beginnt die hohe Zeit der Brunft, die Enten fliegen und die Waldschnepfen ziehen. Der Herbst beginnt für mich – ganz subjektiv – mit dem schönsten Monat des Jahres. Der September hat noch etwas von Altweibersommer. Morgens Nebel und Kühle beim Verhören der Hirsche, vormittags fallen Jacke und Weste, weil das Thermometer doch wieder 20 Grad erreicht. Gegen Abend kommen beide Kleidungsstücke wieder zum Einsatz, wenn ein herrlicher Sonnenuntergang einen schönen Septembertag beschließt. Was für ein Monat!

Ich bin mir immer noch nicht sicher, was mich generell in der Natur am meisten beeindruckt: das Rufen ziehender Gänse, das Trompeten balzender Kraniche oder das imposante Röhren des Rothirsches. Jetzt ist September und die ersten Hirsche, die zu hören sind, wecken bei mir, und sicherlich auch anderen Jägern, freudiges Erwarten.

Natürlich dominiert die Brunft des Rotwildes die Gedanken der Jäger im September. Bei uns beginnt sie zum Anfang des Monats. Dies variiert allerdings von Region zu Region. Viele Jäger, die Rotwild im Revier haben, beschäftigen folgende Fragen: Kommen bekannte Hirsche wieder? Wie haben sie sich entwickelt? Wie wird das Wetter? War manchem Jäger das Jagen auf den Feisthirsch noch zu ungewiss und zu

Neben dem Trompeten der Kraniche und dem Ruf der Gänse fasziniert mich das Röhren der Hirsche jedes Jahr aufs Neue.

umständlich, verraten uns nun die roten Herren wenigstens lautstark röhrend ihre Aufenthaltsorte. Der Brunftbeginn bedeutet nicht nur für die Hirsche Stress. Viele Weidmänner sind in diesen Tagen morgens und abends draußen. Von zentralen Plätzen aus werden die Hirsche verhört. Wo melden sich Stimmen?

Alles Schalenwild hat Jagdzeit

Auch dort, wo Dam-, Sika- oder Muffelwild seine Fährten zieht, versuchen Jäger, Beute zu machen. Manche Mondnacht sieht nun auch den passionierten Schwarzwildjäger auf der Kanzel.

Wer im September Rehwild bejagen will, erledigt dies mit Entschlossenheit. Nutzen Sie die schönen langen Spätsommer- beziehungsweise Frühherbstabende, um auch Böcke zu bejagen. Warten Sie damit nicht bis zum Oktober, jetzt haben Sie noch genügend Zeit. Gleiches gilt für die Bejagung des weiblichen Rehwildes und deren Nachwuchs. Wer auf ein paar Kilogramm mehr Körpergewicht im Herbst hofft, läuft häufig Gefahr, seinen Abschussplan nicht erfüllen zu können.

Traut man der Lehrbuchmeinung, hat die so genannte „Rauschzeit" des Schwarzwildes ihren Schwerpunkt in den Wintermonaten. Aber: Rauschige Bachen von September bis März sind heute die Regel! Wir kennen durchaus das Bild kämpfender Keiler zusammen mit dem Orgeln der Rothirsche als akustische Kulisse. Dieses Phänomen ist kein Einzelfall! Ob uns dieses Schauspiel auch in diesem Jahr wieder beschieden ist?

Flexible Erdschirme, kleinste Ansitzböcke

In unserem Revier kommen vermehrt flexible Erdschirme und niedrige Ansitzböcke zum Einsatz. Eine Erfahrung, die die letzten Jahre mit sich gebracht hat. Das mancherorts kupierte Gelände und die Struktur der Wälder lassen es an einigen Stellen am Revierrand zu, die Brunftrudel anzugehen oder sie gar zu „verfolgen". Dann geht es von Wildwiese zu Wildwiese, hier noch schnell an einen Wildacker und dort noch einmal in einen Schirm auf einer Hügelkuppe. Insbesondere im September und Oktober zeigen diese kleinen Einrichtungen ihre Vorteile. Nach der Anlage eines Pirschwegenetzes, ermöglichen uns die kleinen Sitze ein schnelles Reagieren auf die wechselnden Winde und auf die Wahl neuer Einstände und Brunftplätze.

Wir sind regelrechte Erdschirmfans geworden – Kugelfang ist bei allen Anlagen selbstverständlich! Keine andere Ansitzart verbindet den Jäger so mit der Natur, lässt ihn Wild so unmittelbar erfahren. Statt stundenlangem Sitzen in luftiger Höhe und dem verkniffenen Blick aus einer „Bretterbude" (umgangssprachlich für Kanzel), nehmen wir Wild und Wetter ganz unmittelbar wahr. Oft legen wir Naturschirme an. Das sind nach unserem Bedarf gestutzte kleine Buschgruppen oder Anflugkiefern, hinter denen wir – immer auf zwei Personen ausgelegt – bequem Platz nehmen können. Wo kein passender Busch, keine

Gerade einmal zwei Stufen muss man erklimmen, um auf diesen Miniansitzbock zu gelangen.

Hecke oder kein Strauch vorhanden sind, helfen wir uns mit abgeschnittenen Ästen und Tarnnetzen, die auf ein einfaches Holzgestell gebunden werden.

Tarnnetze haben Vorteile

Die Vorteile der Tarnnetze sind schnell genannt: leichtgewichtig, flexibel, form- und zuschneidbar, schnell aufgehängt, unverrottbar und tarnintensiv. Da sie in verschiedenen Farben erhältlich sind, können wir die Netze optimal an die Revierverhältnisse anpassen. Die Konstruktion unserer Erdschirme ist einfach, das Endprodukt von einer Person versetzbar.

So sind wir für diesen spannenden Jagdmonat gut aufgestellt – die Rudel, Rotten und Sprünge können kommen. Wir möchten diese „Erlebnissitze" nicht mehr missen ...

Auf geheimen Pfaden

Von Peter Burkhardt

Die Pirsch gilt als die Krone aller Jagdarten. Wer genießt es nicht, vorsichtig mit geschulterter Waffe durch das Revier zu wandern? Dem gegenüber steht die Tatsache, dass schon viele Reviere leergepirscht worden sind. Gilt nicht auch der bekannte Spruch „es wurden stets mehr Hirsche ersessen als erpirscht"? Was ist denn nun richtig?

Die Pirsch beziehungsweise der Pirschgang ist ein überaus vorsichtiges, aufmerksames und leises Durchstreifen des Reviers. Dass dabei der Windrichtung Beachtung geschenkt wird, ist wohl selbstverständlich. Doch zur erfolgreichen Pirschjagd gehört mehr, als nur kurz den Wind zu prüfen. Die Kenntnisse der Einstände und Hauptwechsel des Wildes, die Lage der aktuellen Äsungs- und Brunftplätze, Suhlen und Tränken ist unerlässlich. Dann wird ein Pirschgang im Revier tatsächlich zu einem der absolut seltenen Festtage des Jahres.

Es scheint dabei die jagdliche Freiheit im Revier zunächst grenzenlos. Doch bald merke ich, dass sich das, was sich in der Theorie verständlich und einfach liest, in der Praxis weit schwieriger darstellt. Denn im Gegensatz zum Ansitz, bewege ich mich durchs Revier – und genau diese Bewegungen werden wahrgenommen. So kommt es immer wieder vor, dass Wild den pirschenden Jäger entdeckt. Wie kann ich mich davor schützen? Kann ich es überhaupt? Ich helfe ich mir so gut es geht mit einem einfachen Mittel.

Bin ich erst einmal enttarnt, halte ich laute Selbstgespräche oder pfeife ein Liedchen. Nur nicht wie ein Jäger wirken, lautet nun das Motto. Manches Mal funktionierte diese Finte und das Wild sprang nicht ab. Dennoch: Allzu häufig hatte ich verloren, oft, weil ich doch zu unvorsichtig und nicht leise genug war. Hier brach ein Zweiglein, dort knirschte ein Zapfen – die mag ich gar nicht, denn sie sind unendlich laut. Daher mein Tipp: Pirschen sollte der Nimrod nicht auf Teufel komm raus, sondern nur dann und dort, wo eine Pirsch Erfolg verspricht. Selbst wenn der Jäger „unsichtbar" bleibt, hinterlässt er doch seine duftende Fährte im Revier. In unserem konkreten Fall bedeutet das: Nur in der Peripherie des Reviers wird an wenigen Tagen gepirscht. Und nicht jeder darf bei uns pirschen. Das behalten wir uns selber vor.

So stellt sich auch für Sie die Frage, ob Ihr Revier für die Pirsch geeignet ist. Ist es groß genug und so strukturiert, dass Sie gute Chancen haben, das Wild zu überlisten, ohne selbst bemerkt zu werden? Wie in vielen Dingen, ist auch bei der Pirsch Augenmaß notwendig – und eine gewisse Organisation im Vorfeld, zum Beispiel die Pirschpfade richtig und ordentlich anzulegen.

Pirschpfad sind Privatwege

Oberstes Ziel der Pirsch ist es, innerhalb des Reviers verschiedene Flächen unbemerkt erreichen und bequem einsehen zu können. Das geht nur über intelligent und sinnvoll angelegte Pirschpfade. Sie dienen gleichzeitig dazu, bei Bedarf zwischen den interessanten Flächen im Revier wechseln zu können. Ein Blick in Ihre Revierkarte und die nach und nach gesammelten Erfahrungen verdeutlichen:

- Wo und ob eine Neuanlage von Pirschpfaden sinnvoll ist.
- Welche alten Pirschwege erhalten bleiben können.
- Welche Pirschsteige aufgegeben werden müssen (wichtig!).

Mit Motorsäge, Axt, Harke, Besen und Schere werden Pirschpfade dort angelegt, wo es gilt, Ansitzeinrichtungen, Blößen, Lichtungen, Wildäcker und -wiesen, Kulturen und raume Althölzer mit Mastbäumen unbemerkt zu erreichen.

Bei der Neuanlage verzichten wir bei uns darauf, den Pirschsteig tief in den Boden einzuarbeiten. Erstens sind derartige „Erdarbeiten" viel zu aufwändig und zweitens steht schnell Regenwasser in dem herabgesetzten Pfad – also ausgerechnet dort, wo wir geräuschlos vorankommen wollen. Daher werden zwar störende grobe Wurzeln und Steine entfernt, aber dabei das Niveau des umliegenden Bodens wird nicht unterschritten. Ich halte nichts davon, Pirschwege wirklich besenrein zu machen. Warum? Die Erfahrung hat es mal wieder gezeigt: Je sauberer (zum Teil durch Gebläse) wir die Pfade hielten, desto mehr wurden diese Steige auch vom Wild frequentiert! Damit schufen wir keine Pirschpfade, sondern Eigentore, denn wir hatten plötzlich das Wild (Schalenwild, aber auch Füchse und Dachse) genau dort, wo wir es nicht gebrauchen konnten.

Gut gepflegt ist halb gepirscht

Der Jäger pirscht idealerweise auf grob von Ästen, Zapfen und Blattwerk gereinigten Pfaden. Sind die Pirschsteige fertig, bedürfen sie weniger, aber regelmäßiger Pflege. Was aber nicht bedeutet, dass der Revierinhaber tagtäglich penibel und besenrein „ausfegen“ muss – ganz im Gegenteil.

Aber rechtzeitig vor Beginn der Jagdzeit erhalten die Pirschwege natürlich einen Frühjahrsputz. Im Sommer und im Herbst werden sie ab und an grob gesäubert. So stehen dem Jäger immer gut begehbare Schleichwege zur Verfügung.

Benötigt der Weidmann Hilfen, um Hindernisse überwinden zu können, werden diese diskret angelegt. Grassoden erhöhen feuchte Geländepartien, kleine Stege überschlagen Bachläufe. Am Ende des Pirschweges findet sich bei uns beispielsweise ein kleiner Erdschirm oder eine Leiter mit Inneneinstieg.

Wir nutzen Pirschpfade nicht nur im eigentlich Sinne, sondern eher als Zuweg. Mehr oder weniger kurze Pirschsteige führen zu einigen unserer Ansitzeinrichtungen. Von kilometerlangen Pirschpfaden ist generell abzuraten. Pirschsteige sind lediglich Ergänzungen zum Wegesystem des Reviers. Zu viele und zu lange Pirschsteige verfehlen ihren Zweck, denn sie durchschneiden und beunruhigen zu sehr. Außerdem sind die Wegenetze in unseren Revieren häufig inzwischen so dicht, dass wir viele Orte im Revier auch so bequem erreichen können.

Sie haben sich nun entschlossen, einige Pirschwege zu etablieren? Damit kein neues Wanderwegenetz für Zivilisten entsteht, beginnen Sie damit bitte erst einige Meter im Bestand. Um den Eingang nicht lange suchen zu müssen, legen wir als Markierung am Hauptweg einen Stein oder lehnen einen Stock an einen Baum an, der nicht eingeweihten Personen nicht auffällt. Dem Jäger wird aber so der Weg gewiesen. Von Farbmarkierungen ist in diesem Fall abzusehen – sie stellen mit etwas Pech nur eine Einladung für alle anderen Waldbesucher dar.

Dort wo der Stock am Baum lehnt, beginnt im Bestand ein Pirschpfad ...

... der dann zu dieser Kanzel führt.

Hirsche, Harem und Beherrscher

Beobachtungen in der Rotwildbrunft von Peter Burkhardt

Viele Jahre Beobachtungen der Rotwildbrunft lassen sich nicht in ein paar kurze Sätze fassen. Zu unterschiedlich waren die Hirsche, zu verschieden die Reviere. Eine Brunft im Hochgebirge verläuft anders als jene in den Auwäldern. Nicht nur die Termine verschieben sich, auch der Verlauf der Brunft und ihre Dauer variieren. Gibt es dennoch bestimmte Hirschtypen, die überall auftreten? Ich habe einen Versuch der Zusammenfassung gewagt, ausdrücklich ohne Anspruch auf absolute Gültigkeit – denn Hirsche bleiben Unikate!

Es ist Ende August im Brunftrevier. Erste neue „Gesichter" treffen ein – die Hirsche wechseln an! Die Temperatur der Morgen- und Abendstunden differiert an manchen Tagen zur Temperatur um die Mittagszeit um fast 20 Grad. Die Brunft des Rotwildes steht bevor, gespannt sind wir morgens und abends draußen, um Hirsche zu bestätigen.

Unsere ersten Beobachtungen ergeben in fast jedem Jahr dasselbe Schauspiel: Auf der großen Wildwiese steht ein Kahlwildrudel, zu dem sich ein hoffnungsfroher junger Hirsch beispielsweise vom dritten Kopf gestellt hat. Vom dritten Kopf? Ja, denn ein Privileg der Jugend, auch beim Rotwild, ist deren Unbekümmertheit. Die Brunftatmosphäre liegt schon in der Luft und der junge Hirsch meint offensichtlich, dass ihm erstmalig ein Brunftrudel zustünde. So sieht man in der Vorbrunft manchen jungen Hirsch beim Kahlwild stehen und sich, wenn auch noch unfertig, als Platzhirsch gebärden.

Junioren zuerst

Anfang September leiten bei uns häufig jüngste Hirsche die Brunft ein. In der Stimmlage Tenor versuchen sie mehr schlecht als Recht einen Brunftruf von sich zu geben und merken dabei gar nicht, dass sie

Entschlossener Blick, Geweih-Deko, wichtiges Auftreten – trotzdem mein Lieber, Du bist nur gehobene Mittelklasse.

vom Kahlwild nicht ernst genommen werden. Wie könnten die Tiere auch, wenn irgendein noch im Stimmbruch befindlicher junger Kerl versucht, den Herrscher zu spielen. Aber Vorsicht: Der eine oder andere junge Hirsch führte uns schon vor Augen, dass die Stimme allein kein verlässliches Indiz ist, auf das Alter zu schließen. Dunklere Stimmen finden sich auch in der Jugendklasse.

Häufig stellten wir beim Betrachten solcher Szenen fest, dass zu diesem Zeitpunkt noch gar kein weibliches Stück paarungsbereit war – das Werben geht ins Leere. Typisch für diese ersten Momente der Brunft ist auch das Vorkommen mehrerer Schmalspießer oder eines Sechsers bei den Rudeln. Die einen versuchen, sich unsichtbar zu machen, die anderen scherzen miteinander. Nimmt einer dieser Mitläufer zu sehr Bezug zu einem Schmal- oder Alttier, verhindert dies der Platzhirsch. Auch diese kleinen Erfolge wiegen unseren Jüngling im Glauben, er hätte sein Kahlwild im Griff.

Die Mittelklasse

Ein trügerischer Gedanke des jungen Recken, denn die Brunft schreitet fort, die Lage wird ernster. Erste Stücke werden brunftig – und siehe da, ein mittelalter Kronenzwölfer übernimmt das Regime. Das junge Hirschlein wurde jäh aus seinen Träumen gerissen, der Sechser und die Schmalspießer wurden auf Abstand gebracht – der mittelalte „Spielverderber" hat den Harem konfisziert.

Die Mittelklasse dominiert jetzt die Rudel. Zwölfer, Vierzehnender – körperlich fast ausgereifte Hirsche, aber eben nicht die „richtig" alten Herren, künden lautstark davon, in diesem Jahr Beherrscher dieses Rudels zu sein. Noch ein Trugschluss, doch dazu später ...

Drei Umstände sind oft für diese Phase signifikant: Große Rudel, die von einem mittelalten Hirsch dominiert werden. Haben diese das Kahlwildrudel der „gernegroßen" Jünglinge noch allein durch Imponieren übernommen, kommt es jetzt dabei zu gelegentlichen Raufereien innerhalb ihrer Altersklasse. Und: Diese Hirsche sind nahezu ununterbrochen am schreien. Sie röhren, immerhin schon mehrheitlich in der Stimmlage „Alt", was die Lungen hergeben.

Hier finden sich häufig unverzagte Konditionswunder, was Stimme und den Einsatz bei der Bewachung des in dieser Brunft vermeintlich fest eroberten Harems betrifft.

Diese Phase stellt die Zeit kurz vor der Hochbrunft dar. Die Wälder hallen jetzt von den Rufen der Mittelalten wider. Doch die trügerische Sicherheit, in der sich diese Hirsche wiegen, hält nicht lange an. Wenn immer mehr Tiere brunftig werden, übernehmen die tatsächlichen Platzhirsche das Regiment.

Die Altersklasse

Ab einem bestimmten Zeitpunkt halten es die alten Recken für gegeben, anzuzeigen, wer der wahre Herrscher im Rudel ist. Statt sich plakativ einen vollen Monat zu einem Brunftrudel zu stellen, tauchen sie plötzlich auf und präsentieren sich auch für uns überraschend. Den einen oder anderen sahen wir zwar kurz über eine Schneise ziehen, doch bei den Brunftrudeln ließen sie sich nicht blicken. Wir hatten das Gefühl, dass sie zwar im Revier waren, wir fährteten sie auch hier und da – doch sahen wir sie kaum. Das ändert sich jetzt!

Ein sichtlich missgestimmter Vertreter der Altersklasse.

Noch etwas ändert sich zum Zeitpunkt der Hochbrunft. Interessanterweise reduzieren sich oft die Rudelgrößen. Die alten Hirsche scheinen das Motto zu haben: Lieber diese 14 Tiere sicher, als 40 Stücke ohne volle Kontrolle. Auch das anfangs beschriebene große Rudel wurde zerschlagen und zwei alte Hirsche teilen sich die Damenwelt.

Diese Phase der Hochbrunft dauert oft nur circa sieben bis zehn Tage, jetzt kulminiert das Brunftgeschehen – die Alten haben endgültig das Zepter in der Hand.

Für diese und die vorherigen Phasen gilt: Mag der Hirsch auch noch so alt sein, das Leittier des Kahlwildrudels gibt den Takt und die Richtung vor. Zieht es morgens zu Holze, folgen alle anderen – auch die Hirsche, egal welchen Alters oder welcher Geweihgröße. In den Tagen der Hochbrunft wurden wir immer wieder Zeuge, dass sich mancher alte Brunfthirsch erst am Abend wieder zum Rudel gesellt. Er scheint seine Frauen, wenn sie abends aus dem Einstand auf die Äsungsflächen ziehen, regelrecht abzuholen. Ist es einigen von ihnen zu unruhig im Tageseinstand oder ist dieser wohlmöglich nicht sicher genug?

Natürlich lassen sich hier viele unterschiedliche Beobachtungen machen, jeder alte Hirsch, jedes Brunftrudel verhält sich ganz individuell. Aber die richtig alten Recken strotzen nur so vor Souveränität und scheinen diese auch auszustrahlen, denn kein Gernegroß, kein Vielschreier hätte die Tiere auch nur einen Moment aus den Augen gelassen. Die alten Hirsche gönnen sich hingegen tagsüber ihre Ruhe und Abgeschiedenheit. Zum Abend hin stellen sie sich zum Rudel und röhren maßvoll. Dauerbrüllen gibt es in dieser Altersklasse nicht, die Anzahl der Schreie und des Orgelns nimmt mit zunehmender Würde ab. Dafür sind wir jetzt endlich bei der Stimmlage „Bass" angekommen!

Interessanterweise beherrschen einige Platzhirsche ihr Rudel oft nur für kurze Zeit. Wie beschrieben, steht die Mehrzahl von ihnen allenfalls 14 Tage beim Rudel. Einige verlassen dann bereits wieder ihren Harem. Bricht hingegen die Brunft innerhalb weniger Tage völlig zusammen, nutzen auch diese alten Hirsche manchmal die Ortskenntnisse des Leittieres aus und bummeln noch eine Zeit mit dem Rudel mit. Dann stehen sie, die eben noch kämpften und schrien, friedlich äsend neben dem Kahlwild. Sind sie wieder ausreichend zu Kräften gekommen, verlässt mancher alte Hirsch von einem Tag auf den anderen das Kahlwild und zieht in sein Heimatrevier.

Die uralten Recken

Es gibt sie mancherorts noch, die ganz alten Hirsche. Typisch für die uralten Herren ist deren Wahl kleinster Kahlwildrudel, ja gelegentlich sogar nur einzelner Tiere. Statt sich in große Schlachten mit den Kontrahenten zu stürzen, hüten sie nur einige wenige Stücke vom Rudel weg und stellen sich mit ihnen in die ruhigsten Ecken des Reviers. Hier lässt sich einmalig beobachten, wie nicht mehr ein Leittier führt, sondern der uralte Hirsch wie ein Hütehund sein Kleinstrudel beisam-

Dieser recht alte Hirsch hält sich nur noch ein kleines Brunftrudel. Foto: Dr. Thomas Wiemer

men hält und diesen überschaubaren Harem oft tagelang an den ihn genehmen Orten bindet. Große Wanderbwegungen? Fehlanzeige! Großes Geschrei, lautes Röhren? Ebenfalls Fehlanzeige! Im Gegensatz zu allen vorher genannten jüngeren Hirschen, ist ihnen die Heimlichkeit ihres Lebens- und Liebesstils derart wichtig, dass sie sich nur noch sehr selten vernehmen lassen. Hier findet man die „Grantler“, „Brummer“ und „Grummler“, deren Lautäußerungen man eher nur zufällig hört – oder sogar eine komplette Brunftperiode nahezu gar nicht .

Der Jagdmonat Oktober

Der Jagdmonat Oktober

Von Peter Burkhardt

Die Rotwildbrunft neigt sich Anfang Oktober vielerorts dem Ende zu, der Damwildjäger erwartet nun die hohe Zeit in seinem Revier. Zwar bietet das Brunftverhalten von Dama dama einige Verlässlichkeiten, doch um zum ersehnten Schaufler vorzudringen, gilt es vom weiblichen Wild und den Beihirschen unbemerkt zu bleiben. Wie Satelliten kreisen sie um den oder die Schaufler in der Brunftkuhle. Ist die Rotwildbrunft jagdlich einfacher? Sicher nicht.

Mit diesem schnell errichteten Sitz vom Typ „Windbruch" reagierten wir auf einen neuen Damwildbrunftplatz. Foto: Ralf Junitz

Wie sieht es in Revieren ohne Damwild aus? Einige Rehböcke werden noch auf den „letzten Drücker" erlegt. Alte Böcke, die wir schon längst verloren glaubten, zeigen sich plötzlich, ebenso schwache Jährlinge, die sich bis hierhin durchmogeln konnten. Wer es im September nicht geschafft, das weibliche Rehwild mit Nachwuchs zu bejagen, sollte dies im Oktober intensiv tun.

Wie steht es um das Schwarzwild? Sauen sind im Wald gern gesehen. Die Rotten, der Ernte draußen sei Dank, kehren im Oktober immer häufiger hierhin zurück. Wir erwarten in diesem Herbst in unserem Revier eine moderate Mast, so dass in einigen Regionen – die Feldjäger wird es freuen – die Schwarzkittel stark von Eicheln und Bucheckern gebunden werden. Aber auch anderes Wild reagiert auf diese Gaben. In Waldrevieren erleben wir es häufig, dass sich Rot- und Damwild sehr lange und stark konzentriert auf kleinem Raum im Bereich der Mastbäume aufhält. Mancher Jäger, der haufenweise Kirrungsmais- und / oder Rüben vor der Kanzel „bevorratet", mag dann verzweifeln ...

Insgesamt versuchen wir jetzt bei der Bejagung des Schalenwildes, schnellstmöglich viele Stücke zu erlegen. Die Drückjagd, die wir geplant haben, soll diese Aufgabe erfüllen. Mit dieser Jagd wollen wir den Druck auf die verbleibenden Stücke mindern, Wildschäden minimieren und eine frühe Jagdruhe im Winter ermöglichen.

Die Kondition der Tiere wird überprüft

Die relativ frühe Entnahme ist gut für die Kondition der verbleibenden Tiere. Gibt es in den Folgemonaten tatsächlich echte Nahrungsengpässe (Harschschnee etc.), haben wir durch die frühe Reduktion die Auswirkungen auf die Restpopulation durch die Verminderung des Konkurrenzdrucks gemildert.

Wir kontrollieren ständig die Kondition des gestreckten Wildes. Die Beschaffenheit der Decken und Schwarten, die Feistvorräte darunter und das Gewicht ist für ein Gesamturteil von Bedeutung. Lückenlos wird jedes Stück katalogisiert: Datum, Uhrzeit, Erlegungsort, Jagdart, Gewicht und so weiter. Nach mehreren Jahren Buchführung bilden sich nun erste Datenreihen, die wir alsbald auswerten wollen.

Endlich finden wieder Gesellschaftsjagden statt. Man ist noch fit und der kommende „Jagdmarathon" (jedes Wochenende bis Januar ist ausgebucht) steckt uns noch nicht in den Knochen. Durchnässte Kleidung? Sonntagsfrüh zur Nachsuche? Wieder einmal als einer der letzten Vertreter der Jagd beim Schüsseltreiben angekommen? Ach was, wir wollen es ja so. Egal: Wenn das Wetter mitspielt und wir noch Jagdglück haben „könnt' es Herbst im ganzen Jahre bleiben".

Röcheln, Rülpsen & Rituale

Von Peter Burkhardt

Für Damwildreviere stellt die Brunft unstrittig den Höhepunkt des Jahres dar. Dank der hohen Tagaktivität des Damwildes ermöglicht uns diese Schalenwildart viele Einblicke. Auch die Verfolgung des nahezu ganztägigen Brunftbetriebes wird uns leicht gemacht.

Die Brunft oder besser ihre Vorbereitung, beginnt jedoch schon weitaus früher. Mancherorts ist das schon Anfang September der Fall. Dann zerfallen die Hirschrudel, einzelne Hirsche machen sich bereits auf den Weg in die Brunftreviere. Auch alte Einzelgänger, die ob ihres gesetzteren Alters die Hirschrudel gemieden haben, schleichen sich über Nacht davon. Warum diese Eile, wo doch vielerorts die Hauptbrunft in die zweite Oktoberhälfte fällt?

Die Brunft des Damwildes ist von ihrer Grundstruktur völlig anders aufgebaut als die Paarungsabläufe anderer Schalenwildarten. Einige Beispiele: Die Blattzeit des Rehwildes ist eine Einzelbrunft. Der Bock beschäftigt sich immer mit jeweils einem aktuell attraktivem Stück.

Beim Rotwild erfolgt die Brunft auf das Rudel bezogen, bei Sauen ist der Keiler analog auf die Rotte fokussiert. Hirsche und Keiler suchen das weibliche Wild auf, erobern Rudel oder Rotte und verbleiben dort für einen gewissen Zeitraum. Hirsche und Keiler richten sich in ihrem Bewegungsmuster während der Paarungszeit nach ihrem jeweiligen Harem, sie folgen dem Leittier oder der Leitbache. Beide geben den Tagesablauf, die Einstände und das Zugmuster vor.

Kampf um einen Ort – die Brunftkuhle

Die Brunft des Damwildes kann man am ehesten mit Brunftplatz bezogen umschreiben. Hier geht es weder um das einzelne Stück, noch um einen weiblichen Verband, dem es zur folgen gilt. Beim Damwild ist hingegen ein Ort entscheidend: die Brunftkuhle! Wer die Brunftkuhlen kontrolliert, hat als Hirsch die Chance, bei der Damenwahl zu gewinnen. Daher wird allein um diese Plätze gekämpft.

Daher also die Eile der alten und älteren Hirsche: Es gilt, die Brunftplätze zu besetzen! So wird schon Ende September deutlich, wer hier in den kommenden Tagen und Wochen das Sagen hat – es kommt zu ersten Einstandskämpfen. Ist der so wichtige, möglicherweise schon traditionelle Platz seitens eines Hirsches gesichert, schlägt dieser seine Brunftkuhlen frei. Morgens, mittags, abends – stets wird hier geplätzt, umstehende kleine Bäume massiv bearbeitet, Duftmarken werden hinterlassen. Optisch, geruchlich und akustisch beginnt die Markierung der Brunftbetten.

Ab jetzt melden auch die Hirsche, deren Lautäußerungen schwerlich zu umschreiben sind und die Rotwildkenner sicherlich enttäuschen würden. Röcheln, röhren, rülpsen, schnarchen, schnarren, rasselndes Rollen sind nur einige Vokabeln, mit denen versucht wurde, die unmelodischen und urigen Brunftlaute des Damhirsches zu beschreiben.

Der Amtsantritt

Aber, die gewünschte Wirkung aller Bemühungen bleibt nicht aus: Dieser Platz hat, so die erste eindeutige Botschaft, die sich an die Beihirsche richtet, wieder einen Neuen Besitzer. IVER-ERNST HANSEN nennt das gesamte Procedere treffend „Amtsantritt". Die zweite Nachricht richtet sich an die Damen. HANS SCHULZE beschrieb das umfassende Imponiergehabe mit dem ebenfalls treffenden Satz: „Hier kann in Bälde gedeckt und beschlagen werden", die Ortswahl des Hirsches ist getroffen – die Brunft kann beginnen.

In unserem Revier beobachteten wir beispielsweise auf einer kleinen Waldwiese drei Hirsche, die sich für die Dauer der Brunft auf einer Fläche von einem halben Hektar eingerichtet hatten. Sie ignorierten einander, obwohl sie sich ununterbrochen sehen und hören konnten.

Wird im Rahmen des Brunftbetriebes ein Hirsch erlegt und springt selbst an entfernteren Brunftplätzen ein Rudel ab, kehren oft als erste die Hirsche – häufig nach sehr kurzer Zeit – an ihr Brunftbett zurück. Gleiches gilt bei Störungen durch Waldbesucher. Derartige Resistenzen gegenüber Störungen wären beispielsweise bei Rotwild undenkbar. Nicht selten erleben Damhirschjäger auch, dass bei Abschuss eines Geweihten dessen Brunftkuhle schon in den nächsten 24 Stunden von einem Nachfolger okkupiert worden ist. Es gelangt verschiedentlich sogar, mehrere Geweihte von ein und demselben Platz in einer Brunftperiode zu erlegen.

Die Damen bitte zu mir

Lohnt diese Treue zum Brunftplatz? Ja, denn parallel zum Damhirsch verhält sich auch das Kahlwild anders, als beim Rotwild: Es zieht zum Hirsch! In der Folge heißt das für den Paarungsablauf, dass es keine festen Brunftrudel gibt, sondern insbesondere seitens des Kahlwildes rund um die Brunftplätze ein ständiges Kommen und Gehen gibt. Nicht selten ist ein Brunftplatz daher von verschiedensten Stücken umgeben. Zu- und abziehende Alt- und Schmaltiere, im Umfeld des Brunftplatzes abgelegte oder wartende Kälber ... Es herrscht „Damenwahl", kombiniert mit „Brunftplatzwahl". Und im aus Sicht des reifen Schauflers idealen Fall behält er die Brunftperiode über seine Brunftkuhle(n) im Zentrum der Plätze und hält dort Hof.

Doch was tun, wenn alles Imponieren nicht genützt hat, wenn ein Nebenbuhler um den Brunftplatz kämpfen will? Wie bei anderen Schalenwildarten auch, ziehen beim Damwild Hirsche aller Altersklassen zwischen den Brunftplätzen hin und her, finden sich Kontrahenten, verlieren alte Schaufler temporär ihren Brunftplatz – und es kommt zum Kampf. Liegt es an der beschrieben Ortstreue, dass die Kämpfe zwischen Schauflern oft sehr heftig ausfallen? Es ergibt sich für Damhirsche eben nicht die Alternative eines anderen, einzelnen weiblichen Stücks wie beim Rehbock oder die Chance des Rothirsches, irgendein anderes Rudel, und sei es

Sie sind relativ störungresistent, schlagen Brunftkuhlen, lassen die Damenwelt zu sich kommen und quittieren dies alles mit seltsamsten Geräuschen – was trennt nicht alles die Damwild- von der Rotwildbrunft?

noch so klein, zu erobern. Erbitterte Kämpfe sind unter Schauflern daher nicht selten.

So gewalttätig wie es sich anhört, sind die Kämpfe letztlich nicht, denn der liebe Gott und Mutter Natur haben sich einige Regeln einfallen lassen, nach denen gekämpft werden „darf". Wir haben immer wieder beobachtet, dass es scheinbar eine Art Altersklassen- und Gewichtsreguierung gibt. Ich habe zum Beispiel nie einen jungen Hirsch gegen einen offensichtlich älteren und stärkeren antreten sehen. Ähnlich dem Boxkampf, treten Schwergewichtler auch bei Damhirschen nicht gegen Fliegengewichtler an. Und sehr interessant: Die Geweihqualität spielt unter gleichalten Hirschen kaum eine Rolle! Wer älteren Datums ist und souverän auftritt, vermag auch ohne Kampf die stärkeren, vitaleren und/oder jüngeren Geweihten zu vertreiben. Krebsschere, zerrissene Schaufeln, Einschnitte hin oder her: Mancher imposanter Ia-Recke wurde schon erfolgreich von einem Ib-Hirsch vertrieben.

Treffen sich jedoch zwei gleichrangige Schaufler, ist ein heftiger Kampf oft unvermeidbar. Davor, währenddessen und danach, insbesondere bei unklarem Ausgang, wechseln die beiden Gegner in ein optisches Kräftemessen. Im Rahmen eines so genannten Parallelganges schreiten die beiden Kontrahenten eine Zeit lang dicht nebeneinander her. Mehrfach konnte ich beobachten – und von verschiedenen Jägern wurde dies bestätigt – dass ein Damschaufler nach „Amtsantritt" diesen Parallelgang selbst neben einem Rothirsch in dessen Nachbrunft vollführte. Das ergab dann folgendes Bild: Hier der knörende Rothirsch, der den Brunftplatz des Damhirsches tangierte – daneben der stolzierende Schaufler.

Keine Tötungsabsicht?

Der Parallelgang ermöglicht es dem Sieger, den Unterlegenen Kräfte schonend des Feldes zu verweisen. Reicht die Entfernung zur eigenen Brunftkuhle, dreht der Gewinner um, der Abgeschlagene verlässt die Arena. Aber wehe, einer wendet sich zu früh, sofort flackert der Kampf wieder auf. Doch generell mag man festhalten: „Solche Kämpfe laufen nach (...) Regeln ab", wie es HANSJÖRG GRÖNERT formuliert, der in dem Kampfmuster der Damhirsche im Gegensatz zu Beschädigungskämpfen einen so genannten Kommentkampf erkennen will. Richtig ist in jedem Fall: Die Chancenverteilung jeden Kampfes ist immer offen, die Karten werden immer neu gemischt. Ist der derzeitige Platzhirsch schon zu abgebrunftet? Hat er durch vorherige Gefechte vielleicht schon Verletzungen erlitten? Reicht die Kraft noch?

Wie andere Cerviden auch, nimmt der aktiv an der Brunft teilnehmende Damhirsch nahezu keinerlei Nahrung auf. Wir betrachten oft mit unseren Jagdfreunden aus den umliegenden Revieren Fotos, die sie in der Feistzeit machen konnten. Vergleichen wir diese Motive mit aktuellen Bildern aus der Brunft in unserem Revier, können die Jagdkameraden ihnen bekannte Geweihte kaum oder nicht mehr wiedererkennen. Selbst „Gegenüberstellungen" beim Ansitz ergeben dann erstaunte Gesichter: „Anhand des Geweihs und der Zeichnung habe ich ihn wiedererkennen können, aber sonst? Oh, Gott, ist der klapprig". Auch ANDREAS DAVID beschrieb schon, dass eben jener Gewichtsverlust und der Rückgang der allgemeinen Konstitution zu Verlusten unter Platzhirschen gegen Ende des Brunftgeschehens führen.

Mit Beginn des Novembers löst sich oft das Brunftgeschehen schon wieder auf. Zum Teil übernehmen noch mittelalte Hirsche die Brunftkuhlen. Die alten, abgekämpften Recken haben jetzt nichts mehr zuzusetzen.

Kalte Morgenstunden lassen die Brunft noch ab und zu wieder aufflackern. Je nach Revierstruktur kehrt aber bald wieder Ruhe ein. Hirsche und Kahlwild wandern wieder zurück. Wir freuen uns schon auf das nächste Jahr ...

Der Jagdmonat November

Der Jagdmonat November

Von Peter Burkhardt

Das wechselhafte Wetter wird entscheiden, ob der Monat Nebelung, wie der November auch treffend genannt wird, für uns Jäger jagdlich erfolgreich wird. Was für ein Wetter haben wir? Wann schneit es – und wie viel? Mancher Nimrod wird sich fragen, ob er den Mond in diesem Monat nutzen kann.

Wie vielfältig der November doch ist. Betrachtet man nur die Schalenwildarten, wird deutlich, dass der November ein Monat des Umbruchs ist. Unser Rotwild bildet Winterrudel, auch Hirsche stehen wieder verträglich zusammen. Während die Rothirsche bereits versuchen, die Defizite aus der Brunftzeit aufzuholen, trifft es die Damhirsche schon ärger – sie brunften mancherorts noch.

Ebenso schlecht muss die Energiebilanz der Muffelwidder ausfallen, die sich ebenfalls noch im Brunftgeschehen befinden. Es ist nun besonders unstet und aufmerksam und macht es uns nicht leicht, zu Schuss zu kommen. Die Jagd wird in der Regel auf der Pirsch oder beim Ansitz ausgeübt. Treib- oder Drückjagden erbringen auch das eine oder andere Stück, gleichwohl bei ihrer Planung und Anlage das Muffelwild keine beherrschende Rolle spielt.

Nacheinander geht's in die Kirche, nicht zeitgleich!

Bleiben wir beim Wetter: Besondere Bewunderung für ihr Brunftverhalten – besser ihren Brunfttermin – nötigen mir aber Stein- und Gamswild ab. Die Gemsen sind ebenfalls in diesem Monat „dran", Steinböcke noch später. Was mich immer wieder erstaunen lässt, ist der Umstand, dass Kälte und Schnee die Brunft eher zu steigern scheinen, anstatt sie zu behindern. Quasi mitten im Winter wird Energie in Massen verbraucht, teilweise werden viele Höhenmeter überwunden, schließen sich wilde Fluchten über hohe Grate an. Was hat sich die Natur dabei gedacht, die Tiere jetzt brunften zu lassen?

Abteilung 314 im November: Dieser Nebelung hat wieder seinen Namen verdient. Die „Wildsau“, ein Forstpflug, hat schon Pflanzstreifen vorbereitet.

Wären wir einigermaßen „bibelfest“, müssten wir auch über die Rauschzeit des Schwarzwildes berichten. Na klar, Sauen rauschen jetzt – aber tun sie dies nicht mittlerweile fast ein halbes Jahr hindurch? Wir treffen mittlerweile von Februar bis August immer wieder neue Frischlinge mit ihren Bachen an.

Wie schon an anderer Stelle skizziert, bedeutet der November für uns alle eine einzige große Tournee. Jedes Wochenende ist irgendwo in anderen Revieren eine Drückjagd, bei der wir mithelfen oder -jagen können. Doch auch unser Revier verlieren wir nicht ganz aus den Augen. Die Bilanz der Drückjagd legt uns nun auf, inwieweit wir am Ball bleiben müssen. Ist gegebenfalls für den Dezember noch ein gemeinschaftlicher Ansitz zu organisieren? Oder ein zweiter Drückjagdtermin?

Dieses Jahr lief es aber gut, die Abschussvorgaben sind erfüllt und mit weiterem weiblichen Rot- oder Damwild würden wir uns aus der Gruppenfreigabe unseres Forstamtes bedienen. Dieser Modus der Wildverteilung sieht revierbezogene Freigaben bei den Hirschen, aber einen Pflichtabschuss je Revier sowie einen freien Überhang weiblichen Wildes vor. Aus diesem gemeinsamen Pool kann sich jeder bedienen. So können die Reviere weiter jagen, in denen das Wild steht und / oder diejenigen, die jagen wollen, bis auch dieser Topf leer ist.

Der Drückjagd-/Hochzeitstag ist gekommen

Von Jonas Burkhardt und Timo Hilgers

Der große Tag ist gekommen, die Drückjagd findet heute statt. Jetzt gilt's – erinnern Sie sich? – heute geht es vor den Altar!

Zwar sind seit gestern schon Fernreisende und diverse Helfer zugegen, doch nach einer unruhigen Nacht mit viel zu wenig Schlaf, ist der Drückjagdtag selbst etwas ganz Besonderes. Die Kaffeemaschinen laufen und das „Schilderkommando" zählt zu den ersten Kunden. Ab 7.30 Uhr steht die Haustür nicht mehr still, das ständige Kommen und Gehen hat bereits begonnen.

Der Schildertrupp baut die Verkehrszeichen auf, die wir an den Straßen aufstellen müssen. Eine Stunde vor der Jagd wachsen Tempo 70- und 50-Schilder aus dem Boden. Dank einer „Straßenverkehrsbehördlichen Anordnung" unseres Landkreises sind wir zum Aufstellen berechtigt und konnten bereits am Tag zuvor die Schilder auf dem Betriebshof abholen. 40,- Euro kostet der Vorgang insgesamt, unseres Erachtens ist das bestens angelegtes Geld. Wir würden keine Drückjagd mehr ohne diese Verkehrszeichen durchführen. Bisher hatten wir uns mit den „Vorsicht Treibjagd"-Schildern der Jägerschaft – besonders in den Augen der Autofahrer – eigentlich nur der Lächerlichkeit preisgegeben. Beachtet wurden sie nämlich nicht. Nun gilt Tempo 50, und die Erfahrung der letzten drei Jahre lehrt, dass sich die Masse der Fahrer daran hält, zumindest hat die große Raserei nun ein Ende.

Das Telefon klingelt, der Klassiker: Am Jagdtag selber wird noch abgesagt. Gottlob ist es nur ein Gast, kein Ansteller oder Fahrer ...

Die Liste des Tages wird noch einmal durchgegangen, nach und nach melden sich alle Funktioner zur Stelle. Neun Uhr, die Gäste sind vollständig, Begrüßung, Parole. Einer unser wichtigsten Hinweise bei allen Jagden in diesem Rahmen: Jede Waffe wird offen geführt und nur am Stand wird ge- und entladen. Insbesondere Freunde des Unterladens müssen sich hier umstellen! Wenig von Interesse ist der Einwand, dass die Waffen wohlmöglich klappern oder das Laden auf dem Stand zu laut sei. Der Hinweis des, seine Waffe (noch) im Futteral tragenden, Schaftholzklasse-8-Besitzers, sein „Goldstück" könnte leiden, stößt bei uns ebenfalls auf taube Ohren. Hier werden alle Waffen offen getragen, Ende der Diskussion. Ebenso werden alle Waffen nach schöner Soldatenmanier auf dem Rücken mit der Laufmündung nach oben getragen. Der deutsche Jägerklassiker – Lauf nach vorne, unter der Nase des Vordermannes – ist bei uns zum Glück auch Geschichte.

Nacheinander geht's in die Kirche, nicht zeitgleich!

9.45 Uhr: Freigabe, Sicherheitserklärungen, letzte Fragen klären, Einteilung der Gruppenführer, Abrücken ins Revier. Hier und beim Anstellen der Schützen haben wir zunächst reichlich Lehrgeld bezahlt. Unser Kardinalfehler war es, die gesamte Jagdgesellschaft auf einen Schlag loszuschicken. Mehr oder weniger planlos wurde ins Revier gefahren, Türen knallten und manches Rudel hatte sich schon verabschiedet, als wir noch nicht einmal zur Hälfte auf den Sitzen waren – schade ...

Heute gibt es nicht nur innerhalb der Abstellgruppen, sondern auch für „das große Ganze" eine genaue Reihenfolge. Der Versatz zwischen den Gruppen beträgt mitunter bis zu 15 Minuten und mehr. Wir schließen zunächst den Ring um das ganze Revier, bevor Treiber und die Schützen der letzten Gruppe ins Revier eindringen. Dies hat selbstverständlich einen Hinweis in der Ansprache der Jagdleitung zur Folge: *„Nach Einnahme des Standes darf, wenn Sicherheit gegeben ist, sofort geschossen werden."*

Dass jede Gruppe sitzt, erfährt die Jagdleitung über Funk. Auch wenn hier der eine oder andere die Nase rümpft: Selbst bei derartig kleinen Jagden haben sich Handfunkgeräte perfekt bewährt. „Oberedeltreiber", die Jagdleitung, die Gruppenführer sowie ausgesuchte Hundeführer oder Schützen an zentraler Position können beispielsweise damit sinnvoll bestückt werden. Wir haben auf unserer kleinen Fläche teilweise sechs bis zehn Geräte (inklusive Smartphones) im Einsatz, damit wir flexibel reagieren können, um zum Beispiel einen Hundeführer umzudirigieren oder durch den Einsatz von Treibern ein Rudel umlenken zu können! Apropos umlenken: Unsere Jagd wird im Wesentlichen von nur vier Beunruhigern angerührt.

Diese agieren in der Regel in festgelegten Sektoren und das hat Vorteile. Es gibt keine vom Wild leicht ausrechenbare Treiberwehr, die, schlimmstenfalls laut lärmend, in Linie durch den Busch trampelt. Nichts ist besser kalkulierbar für das Wild! Wir teilen jeweils einer Person einen festen überschaubaren Korridor zu, in dem sie sich die Jagd über aufhält. Wild flüchtet aus diesen Sektoren heraus, anderes hinein. Niemals ist ausrechenbar, wo jemand ist. Kein mehrstündiges „Has, Has" oder „Hopp, Hopp" warnt das Wild. Zweierlei haben wir so erreicht: Bis heute wurde auf unseren Jagden noch nicht ein einziger Hund geschnallt und das Wild kommt oft dem übernächsten Stand bereits wieder langsamer. Auch Sauen haben wir, falls Sie fragen sollten, so ganz wunderbar in Bewegung gebracht. Wir waren nämlich plötzlich mitten unter ihnen ...

Erst die Ringe, dann der Kuss

Natürlich ist diese Strategie der geringen Größe des Revieres geschuldet und der Tatsache, dass wir bei uns nicht von mächtigen Brombeerverhauen, massiven Schwarzdornhecken oder großen Schilfbereichen sprechen. Dennoch bitten wir Sie, folgende Vorgehensweise im Wald einmal auszuprobieren.

Wie immer Ihr Revier auch aussehen mag, jagen Sie die erste Stunde ausschließlich mit Treibern und ohne Hunde. Lassen Sie Beunruhiger in Sektoren gehen. Schnallen Sie nach frühestens einer Stunde Hunde nur dort, wo Sie es für unabdingbar erachten – und nicht wahllos oder einfach von den Ständen. Behalten Sie für die Schlussphase Ihrer Jagd sogar noch Hunde in der Hinterhand. Diese können erst mit ihren Führern durchgehen und kommen zuletzt ins Spiel. Teilen Sie Ihre Jagd versuchsweise einmal in eine „Weitflüchter-“ und eine „Drückerphase“. Vermeiden Sie mehrstündige Hetzjagden auf Rot-, Dam- und Rehwild.

Überlegen Sie bitte auch, ob die Anzahl eingesetzter Terrier, Wachtelhunde und anderer Vierbeiner Ihre Schützen überfordert, das Wild zum eiligen Auswechseln oder gar zum hochflüchtigen Abgehen veranlasst – und der große Spuk, wie bei so vielen Jagden, eigentlich nach anderthalb Stunden schon vorbei ist – man aber noch ein bis zwei Stunden Jagdzeit vor sich hat!

Nicht, dass Sie uns falsch verstehen: Hunde als Beunruhiger haben ihre Berechtigung. Wir haben aber festgestellt, dass jährlich die Zahl der Hunde zunimmt, die der schlechten Schüsse auch, die Strecken aber nicht adäquat steigen. Gute Erfolge erleben wir aber dort, wo nur wenige Hunde spät und gezielt eingesetzt werden und Terrier- und Wachtelhundführer mit ihren Vierbeinern (zunächst an der Leine) die Treiberwehr verstärken. Die Hunde weisen den Weg, zeigen hier ein Rudel und da einen Kessel an, und werden erst dort, wo es für den Menschen nicht weiter geht, auf den Punkt genau geschnallt.

Noch einmal: Auch wir können uns für gute Hundearbeit begeistern, dennoch möchten wir den Denkanstoß geben, je nach Revier, die Beunruhigungstaktik und die Intensität des Hundeeinsatzes zu überprüfen. Wir haben bei uns mit den drei bis vier Treibern alles erreicht, was wir erreichen wollten.

11.00 Uhr: Es knallt mehrmals! Die Abfolge lässt erahnen, dass ein Rudel oder eine Rotte dankenswerterweise gleich die Parade an mehreren Ständen abnimmt. Wir freuen uns, der Plan scheint aufzugehen, gegenseitig funken wir uns an, spekulieren darüber, wo die Schüsse gefallen sind und fordern diesbezüglich auch Meinungen der anderen über Funk ein. „In Jagen 195 oder 196“, lautet eine Rückmeldung, „Abteilung 195 oder beim Gestellkreuz“ die andere Meinung. Na, da kommt einer von uns bald vorbei, wir fragen uns bei den Schützen dann durch.

Der ursprüngliche Drückjagdablauf hat sich im Laufe der Zeit in unserem Revier immer mal wieder geändert. Warum? Ziel war es nach ein paar Jahren, den Jagdbetrieb auf den Prüfstand zu stellen. Wir haben intern das Organisationsteam gewechselt, das heißt: die Jagd wurde uns Jüngeren in die Hände gelegt. Dieses Angebot bedeutete keinen grundsätzlichen Paradigmenwechsel im Revier, sondern vielmehr Veränderungen hinsichtlich einiger neuer Ideen in Form von vorgeschobenen Drückjagdständen und bezüglich des Jagdablaufes.

Auch wir erlebten Schiffbrüche, aber alles in allem wurden viele neue Impulse gesetzt. Nach Jahren mit immer neuen Sitzen (die wir auch propagiert hatten!), führte nun eine wieder deutlich defensivere Herangehensweise dazu, dass Rot- und Damwild während der Drückjagd länger in unserem kleinen Revier blieben. Wir hatten nie gedacht, dass Sitze auch viel zu gut und somit viel zu agressiv stehen können.

So wurden kurzerhand zwei bis drei hochgelobte, aber kontraproduktive Kaiserstände wieder abgebaut. Uns haben allein die letzten vier Jahre vieles gelehrt – wenn man den lernen will und sich nicht Gewohnheiten ergibt. Dazu gehört insbesondere auch, eigene Entscheidungen revidieren zu können.

11.45 Uhr: Einer von uns beiden passiert die Abteilung 196. Bei dem Stand dort liegt ein Überläuferkeiler, dessen Erlegung zur Ermunterung der Mitstreiter, wie alle anderen bekannten Erlegungen auch, umgehend via Funk Verbreitung findet (siehe Fotomotiv auf der Seite gegenüber).

12.30 Uhr: Hahn in Ruh. Es knackt das Funkgerät, dann die Durchsage: *„Sitz Wolf's Acker, zwei Sauen beschossen, eine liegt, die andere hat gezeichnet. Bitte Schweißhundführer schicken."* Schnell erfolgt der Anruf auf dem Handy eines unserer mitjagenden Schweißhundführers – und schon ist dieser nicht nur von allen weiteren Abläufen befreit, sondern er macht sich umgehend in Richtung „Wolf's Acker" auf.

Damit dies eigenständig klappt, sind stets alle Hundeführer Selbstfahrer, haben keinerlei Mitjäger im Auto und verfügen über eine Revierkarte mit allen Abteilungsnummer sowie die darin aufgeführten Ständenamen. Diese Vorgehensweise hat uns häufig viel Zeit gespart, ermöglichte baldige Nachsuchen und hat sicherlich so manchem Stück auch Leiden erspart.

Zudem kam zügig erlegtes Wild auf den Streckenplatz, weil die erforderlichen Kräfte für den Wildtransport nicht für die Einweisung der Hundeführer gebunden waren.

Gelöste Stimmung bei der Hochzeitsgesellschaft!

13.00 Uhr: Am Streckenplatz angekommen, herrscht dort bereits munteres Treiben. Sie, als Jagdherrin / Jagdherr, kommen mit Ihren Gästen zurück. Schön, dass Sie sich nicht selbst für irgendetwas eingeteilt haben, denn Anfragen gibt es trotzdem genug. Der Nachsuchenkoordinator möchte kurz mit Ihnen sprechen, Terrierführer A fragt an, ob jemand seinen Hund aufgelesen hat und an einem Stand hat jemand seinen Rucksack vergessen. Sie teilen Leute ein, schicken noch einmal einen Wagen ins Revier los. Währenddessen bekommen Sie nach und nach alle Meldebögen Ihrer Gruppenführer zurück. Etwas abseits sitzend führt Ihr Buchhalter die Strecken-

Drückjagdbock auf Rückeschneise im Kiefernbestand samt erlegtem Überläuferkeiler. Foto: Hanno von Koschitzky

liste. Die Zahl der Erlegerinnen und Erleger wächst, den geschossenen Stücken werden jetzt Schützennamen zugeordnet.

Den wartenden Personen kommt das Engagement der Gastronomieabteilung sehr gelegen. Ein Helfer hält Getränke und / oder Essen parat. Dort klönen dann Ihre Teilnehmer bei Kaffee, Selters und Bier, löffeln eine Suppe und tauschen sich über die Jagd aus. So geht die Wartezeit schneller vorüber.

Finale, Musik, Konfettiregen!

14.30 Uhr: Die Strecke ist fast komplett, zwei Nachsuchen laufen noch. Tun Sie sich und allen anderen einen großen Gefallen: Warten Sie bitte nicht, bis auch die letzte Nachsuche zu Ende ist. Einige Ihrer Gäste sind schon seit fast zwei Stunden hier am Streckenplatz, andere sind durchnässt. Lassen Sie zum Sammeln blasen, halten Sie Ihre Rede, danken Sie Hundeführern, Treibern und der Helferschar, verteilen Sie die Brüche gemäß der gut geführten Erlegerliste. Immer wieder erleben wir, dass Jagdgäste bis zu drei Stunden nach Ende der Jagd am Streckenplatz warten müssen. Wozu?

Nichts ist schlimmer, als Hochzeitsreden, die partout nicht enden wollen, Predigten, die um ihrer selbst willen gestreckt werden – und die leidige, mehrstündige Wartezeit am Streckenplatz, wenn es nichts mehr zu warten gibt.

Nehmen Sie sich immer vor, dass spätestens zwei Stunden nach Beendigung der Jagd die Strecke verblasen wird, komme was da wolle! Warten Sie nicht noch auf zwei Sauen und ein Rotschmaltier. Das Wildbret der Nachsuchenstücke wird durch diese nicht besser, das Wildbret Ihrer nun schon seit geraumer Zeit erlegten und hier immer noch liegenden Strecke auch nicht.

Sehen Sie uns bitte diesen Mangel an Brauchtumspflege nach. Wir haben vollstes Verständnis für alle, die pro Wildart nur noch ein Stück auf die Strecke legen. Oder statt Streckelegen mittlerweile „Streckehängen" machen. Können Sie uns verraten, warum wir über Kopf und unter zur Hilfenahme von Wasser, sauber die Stücke versorgt haben, nur um sie dann wieder auf dem Streckenplatz in den Dreck zu legen? Wenn schon Streckelegen, dann nicht auf die rechte Seite, son-

Einige Stichworte zum Streckenplatz: Wer macht was?

Leitung Streckenplatz: koordiniert Abläufe, fungiert als Springer

Aufbrechen 2–4 Personen Gerne an Profis übertragbar	Aufbrechtrupp oder Gäste unter Anleitung	Aufbrechböcke, Wasser, Handschuhe, Aufbruchtonnen
Protokollstation 2 Personen, bei gr. Jagden 4 Pers.	Wildwaage, Wildmarkierung Wildnummern, Probenbecher, Ursprungszeichen	Wilderfassung. Trichinenproben ziehen (kann auf die Station Wildbrethygiene verschoben werden)
Streckenplatz 2 Personen, jede helfende Hand willkommen	Streckelegen, Brüche, Schmuckgrün, Fackeln	Wasser für die Hunde
Gastronomie 1 Person	Sitzgelegenheiten, Feuer, Brennholz	Imbiss, Getränke
Wildbrethygiene 2 Personen	Endkontrolle nach dem Strecke legen / Brüche verteilen	Gewogen? Protokoll? Trichinenproben lückenlos gezogen? Gerne Tierarzt zugegen
Abtransport Verbleib? Jede helfende Hand willkommen	Gesamte Strecke verladen? Wildhaken bereit? Kühlung vorbereitet?	Stücke nummeriert? Verkauf ab Strecke? Wildhändler? Eigenbedarf?

Aufbrechen auf einem erhöhten Bock oder im Hängen. Fotos: Frederik Mann

dern zum besseren Auskühlen alle Stücke bitte auf den Rücken legen und dann aufklappen.

Nachsuchen statt Flitterwochen

Jagd vorbei, die Trauung auch, Blumen und viel Reis sind gestreut, die Glocken und Bläser verstummen, der offizielle Teil des Drückjagd-/Hochzeittages ist zu Ende. Die Gästeschar löst sich am Streckenplatz langsam auf. Nun will man Sie noch einmal sehen, endlich persönlich Dank sagen, sich mit ein paar wohlgesetzten Worten von Ihnen verabschieden, Sie sind weiterhin gefordert.

Andere aus Ihrem Team auch: Weitere helfende Hände verladen nun die Strecke in den Wagen des Wildhändlers oder verbringen das Wild in Ihre Kühlung. Ein Nachsuchenführer meldet dem Koordinator via SMS Vollzug, Überläuferkeiler gestellt und erlegt. Im Revier-SMS-Deutsch lautet das dann so: *„ÜKei in 314 tot"*. Eingespielt, wie dieser Mann ist, bricht er mit seinem Helfer, der ihn – trotz bereits durchnässter Hose – begleitet hat, die Sau auf, sucht sich in der Wildkammer eine Ohrmarke und markiert das Stück. Der Vierbeiner wurde vorab schon reichlich mit Wasser versorgt und mit dem Handtuch trocken gerieben. Dann erst ziehen sich Hundeführer und Begleiter trockene Kleidung an.

Während Sie noch mit dem Verabschiedungsreigen beschäftigt sind, haben zwei Mann bereits die Straßenschilder wieder eingeladen, die Behörde verlangt es so. Schütze X, der gerne seine beiden Frischlinge erwerben möchte, folgt einem Ihrer Helfer zur Kühlung. Die beiden gewogenen Stücke nimmt er dankbar ab, abgerechnet wird in der kommenden Woche. Vor dem Abtransport hat sich Ihr umsichtiger Helfer allerdings noch schriftlich geben lassen, dass der Erwerber für die Durchführung der Trichinenprobe selbst verantwortlich zeichnet.

Apropos Beschau und Trichinen: Unser verehrter Tierarzt ist erst bei Sau Nummer fünf angekommen, musste er doch zunächst drei große Teller Suppe löffeln und bis jetzt circa sechs Becher Kaffee trinken.

Der letzte Gast ist im Gehen begriffen, als Sie und Ihre Hundeführer noch beisammensitzen sehen. Der

Am Folgetag: Ihre Gäste sind schon längst daheim. Während ein Brautpaar sich nun zufrieden dem Auspacken der Geschenke widmen würde, bleiben Ihnen andere Präsente: Wannen voller Aufbruch, Leergut, Nachsuchen – Reihenfolge selbstverständlich frei gewählt.

Nachsuchenkoordinator hat schon zwei Gespanne für den Folgetag organisiert, Treffen ist am nächsten Morgen um acht Uhr wieder am Streckenplatz, dann werden noch die beiden schwierigen Nachsuchen abgearbeitet. Die bis zu dieser Minute vollständige Streckenliste liegt auf Ihrem Autodach, daran ein Zettel klebend: *„NaSu ÜKei 314: Stück in der Kühlung, Nr. NI 02848, Probe steht auf der Spühle."* Der vermisste Terrier ist gefunden, Menschen und Hunde alle wieder gesund zurück, nun endlich fällt die Last von Ihnen ab.

Morgen, wenn alle Gäste schon wieder daheim sind, wird es für Sie und den harten Kern der Helfer noch weitergehen. Letzte temporäre Ausschilderungen an den Waldwegen werden entfernt, die beiden Nachsuchen nicht zu vergessen, Streckenplatz räumen, Aufbrechböcke reinigen, Aufbrüche entsorgen ...

Wie eine noch so gut organisierte Drückjagd ausgeht, kann niemand voraussagen. Zu viele Unwägbarkeiten lauern auf die Organisatoren und das Team. Wie zieht das Wild? Wie wird das Wetter? Wie gut agieren die Schützen? Wie weht der Wind? Ihr Engagement wird aber in jedem Fall anerkannt, unabhängig von dem Endergebnis, denn die Größe der Strecke allein ist nicht alles. Welche Parallelen Sie hier zur Ehe ziehen, überlassen wir Ihnen ...

Der Jagdmonat Dezember

Der Jagdmonat Dezember

Von Peter Burkhardt

Im Julmond, wie der Dezember früher genannt wurde, erinnert uns das alte, heidnische Lichtfest, das Julfest, an das Wiederaufsteigen der Sonne. Die Sonne gilt seit Jahrtausenden als Urbild aller Lebenskraft. Eine Sichtweise, die in dieser einfachen Art der Naturverbundenheit des hegenden und jagenden Praktikers entspricht. Im Dezember kommt für viele das geistige Empfinden für das christliche Weihnachtsfest hinzu. Der Advent steht für Ankunft, Vorbereitung und Erneuerung. Diese Wochen bedeuten für viele Jäger Rückblick und Ausblick zugleich, Besinnung – und am Ende des Monats, auch erstmalig etwas Ruhe nach einer stressigen Zeit mit vielen großen Jagden.

Im Gegensatz zu meinem Versuch der Entschleunigung des Alltags, geht es im Dezember bei dem Schwarzwild hoch her. Diese urigen Gesellen rauschen in der kalten Jahreszeit. Die Keiler sind bereits zu den Rotten gestoßen. Warum passiert dieser Energie zehrende Vorgang der Rangkämpfe und Rauschzeit mitten im Winter? Warum wird in der nahrungsärmsten Zeit des Jahres so viel Energie verbrannt? Sauen sind Allesfresser und man sollte meinen, sie sind sehr wohl in der Lage, den „herunter gewirtschafteten" Energiehaushalt schnell wieder aufzubessern. Ein Trugschluss, denn insbesondere die Schwarzkittel leiden unter lang anhaltend gefrorenem Boden.

Deshalb finden Sie bei uns auch Rundballen im Wald – und wir die darin einerseits nach Nahrung suchenden Sauen, andererseits die tagsüber darin gerne liegenden (!) Schwarzkittel. Lohnt sich die Anlage von Sauenunterstände? Dazu mehr im folgenden Beitrag.

Heute geht es wieder zu einer Drückjagd, dieses Mal haben die Landesforsten geladen. Ich bekomme einen Drückjagdbock für anderthalb Stunden zugeteilt, danach

Fünf Minuten und wenige Sekunden vor Mitternacht am 31.12.2012: Dies war definitiv das „letzte Stück des Jahres“, das unsere Wildkameras einfangen konnten.

darf ich noch als Treiber für weitere anderthalb Stunden fungieren.

Erst ansitzen, dann treiben

Gerne habe ich der Bitte des Försters entsprochen, so zu helfen. Ich gehe mittlerweile lieber mit durch, als drei Stunden oder mehr auf dem Drückjagdbock zuzubringen. Meine Ansitzeinrichtung steht gut, denke ich mir, als ich aufbaume. Drei kleine Schneisen kann ich abdecken, wenig Schussfeld ist gegeben. Mitten im Bestand sitze ich und denke über die Waldjagd nach. Wie unterschiedlich diese

Reichlich Gedrängel am Luderplatz. Mit zunehmender Dauer des Winters kommen vermehrt die Wildschweine an die Kirrungen und Luderplätze. Adler und Kolkraben scheinen ihnen den Weg zu weisen.

doch zur Feldjagd ist. Häufig müssen wir schnell ansprechen, oft sehen wir das Wild nur kurz. Keine seit einer halben Stunde auf der Wiese äsenden Böcke, die man stundenlang ansprechen und klassifizieren kann. Stattdessen oft Schemen und Sekunden, in denen entschieden werden muss. Waldjagd ist ein schwieriges, anspruchsvolles Geschäft, wenn man (s. Bild oben) an Äsungsplätzen Ruhe lässt und stattdessen auf Gestellen oder Blößen jagt. Ich liebe diese Herausforderungen und gestehe ganz offen und ganz subjektiv: Rübe vor Kanzel mag ich nicht. Ich möchte an Wechseln sitzen und stets neue Pläne schmieden, wo ich das Wild abfangen kann. Ich möchte mich immer wieder mit ihm messen.

Apropos „mit zunehmender Dauer des Winters“: Diese beide werden am Wildacker zunehmend toleranter. Kleinste Heugaben erhöhten hier die Lockwirkung. An Plätzen wie diesem schießen wir dann nur noch mit 300 mm Brennweite.

Ich ahne, dass ich mit diesen Worten viele Jägerinnen und Jäger vergräme. Doch mit zunehmendem Winter und Dauer der Jagdsaison empfinde ich es als immer hinterhältiger, im Wald hinter Futter zu lauern, bis endlich Rot-, Dam- Reh- oder Schwarzwild herbeizieht. Statt dergestalt kunstlos zu jagen, suche ich immer noch nach anderen Wegen. Das mögen kleine Beunruhigungsjagen sein oder die skizzierte Jagd an Wechseln.

Sollte es der Winter zu arg treiben, was zumindest in unseren Breiten sehr selten ist, halte ich es mit ANDREAS DAVID: Dann wünsche ich dem Wild „Frohe Weihnachten“ oder „Frohes neues Jahr“ und bleibe ab dann halt zu Hause.

Hier bin ich Sau, hier darf ich's sein

Von Peter Burkhardt

Bling, klingt es aus dem Computer, wieder eine neue Mail. Ich hatte mir schon lange vorgenommen, den akustischen Hinweis bei neuer Mail abzustellen, jetzt mache ich es! Vorher ein kurzer Blick auf Absender und Betreffzeile, dann geht's raus ins Revier. Fertig angezogen bin ich, und auch mein BGS hat einen deutlichen Trend zur Haustür.

Betreffzeile der Mail: „Anfrage: Kannst Du einen Artikel über das Thema „Sauen-Einstände schaffen" schreiben?" Der Hund murrt, er kratzt an der Tür – meine Antwort muss warten, erst müssen wir los. Während mein Vierbeiner und ich über Waldwege rumpeln, der BGS sitzt wie immer auf dem Beifahrersitz, beginnt mich das Thema zu beschäftigen. Wo wohnen bei mir die Schwarzkittel? Und warum dort? Welche Erfahrungen habe ich in anderen Revieren gemacht?

Ruhe, Ruhe, Ruhe

Im Revier angekommen, krame ich die Revierkarte aus dem Handschuhfach und gleiche sie mit bestehenden / bekannten Sauen-Einständen ab. Sie alle vereint folgendes Kriterium: Ruhe! In unserem Revier sind das Douglasien-Dickungen und Naturverjüngungen. Auch Fichtenanflug oder Gruppen junger Kiefern sowie kleine Windwurf- oder Schneebruchflächen werden gerne als Einstand genutzt.

Und andernorts? Bei Jagdfreund Henning finden sich die Wildschweine auf kleinen Schilfinseln in Teichen und Tümpeln. Wen wundert es? Auch dort herrscht Ruhe. Nur bei Drückjagden werden diese Inselchen mitgenommen, sonst kommt dort kein Mensch vorbei. Bei meinem Nachbarn okkupierten die wilden Schweine Teile des sumpfigen Erlenbruchs. Die Kirrung dort wurde aufgegeben, dafür weiß der gute Nachbar nun aber, „wo garantiert immer Sauen sind".

Wie wichtig der Faktor Ruhe ist, bewiesen uns im vergangenen Sommer auch immer wieder Rotten, die sich auch tagsüber im Biomais eingeschoben hatten. Biomais, konventionelle Landwirte würden ihn wohl als „unsauber" beschreiben, bedeutet reichlich Bodenbewuchs unter den langen Maisstängeln. Niemand joggt hier, kein Mountainbiker und – noch besser – kein Jägersmann kommt hier des Weges. Ergänzend sei gesagt, dass die Biomaisfläche in unmittelbarer Nähe zu einer Bundesstraße und einem kleinen Industriegebiet lag. Ruhe müssen wir also nicht als vollkommene Stille definieren, sondern als Ruhe vor Störungen im Schlafzimmer des Wildes!

Mit dem Hund an der Leine bummel ich an der Nordgrenze unseres Jagdbezirkes entlang. Im Sommer erzählen uns die breiten Sandwege, welches Wild hier zog, im Winter der Schnee. Mittlerweile haben wir hinreichend Erfahrungen gesammelt, wo bevorzugte Wechsel-Korridore sind und wo sich ein Abfährten an der Grenze lohnt. Der BGS macht den Wechsel-Kontrolleur und, je nach gesteigertem Interesse des Hundes, schaue auch ich mir die Fährten an. Alte Damwildfährten werden von meinem vierbeinigen Begleiter uninteressiert überlaufen, aber hier wird etwas Rotwild angezeigt und dort eine kleine Rotte „verwiesen". Das ist auch für mich interessant: Wie schon so häufig zogen die Schwarzkittel nicht durch das raume Kiefernholz, sondern folgten dem mehr oder weniger dichten Stangenholz, den Senken und Rinnen sowie Dickungsriegeln. Ich weiß, wo sie ankommen wollen: Sie werden wieder in eines der kleinen Forstgatter schlüpfen und dort den Tag verbringen.

Lage, Lage, Lage

Und das ist Ihr Stichwort: Hier könnten auch Sie aktiv Einstände in Ihrem Revier schaffen! Die Wildschweine haben den Zug ins Gatter. Den Forstmann stört's, denn ist erst einmal das Knotengeflecht angehoben, schlüpfen Rehe hinterher. Nicht immer klappt es, aber wir haben an einigen Stellen gute Erfahrungen mit Sauenklappen in Forstgattern gemacht, wo die Bache mit ihren

Wutzen partout hinein wollte. Versuchen Sie es, wenn es der Waldbesitzer mitmacht. Gelegentlich werden dann die Gatter als Ort der Ruhe umgehend von Sauen mit Beschlag belegt. Andernorts haben wir dafür gesorgt, dass beim Abbau eines Forstgatters die zum häufig belaufenen Waldweg gelegene Seite stehen blieb. Auch das half schon, das dahinter liegende „Wohngebiet" für alles Schalenwild etwas aufzuwerten.

In der Ferne dröhnt plötzlich Motorengeräusch. Richtig, eine gewaltige Holzerntemaschine hat die Arbeit aufgenommen. Das nutze ich, um dem finnischen Harvester-Fahrer einen Besuch abzustatten.

Dort angekommen, äußere ich eine Bitte: Nur wenn es seine Zeit zulässt, möge er doch dort, wo dieser Bestand an das Stangenholz grenzt, immer mal wieder einige der großen Kiefernkronen übereinander werfen. So entstehen mit einfachsten Mitteln ideale Unterschlupfmöglichkeiten, Wurfkessel, Tageseinstände – sogar mit Ausrichtung nach Süden! Ich bin mir sicher: Hier werden sich bald Sauen einschieben. Kein Wunder, würde der Immobilienmakler sagen, es zählt doch nur Lage, Lage, Lage!

Zurück am Auto telefoniere ich mich mit Jens zusammen. Der gute Waidmann ist immer darum bemüht, die Schwarzkittel ans Revier zu binden. Ich erkläre ihm das Thema des Artikels und erhalte sofort das Angebot, ihn zu besuchen. Kurze Zeit später habe ich ihn von daheim abgeholt (der Hund muss nun hinten sitzen, was ihm gar nicht passt) und Jens geleitet mich in sein Revier. Dort führt er mich in ein Waldstück, das kleine Windwurflöcher aufweist. Dazwischen liegen alte Rundballen. „Die habe ich von den Bauern umsonst bekommen", führt er aus. Die aufgeplatzten, teils schimmeligen Ballen hat er sich mit dem Anhänger hier an diesen ruhigen Ort gefahren – fertig war der neue Sauen-Einstand. „Riechst Du das?", fragt er mich. Allerdings, der Wildschweingeruch liegt unverkennbar in der Luft.

Rückzug, Ortswechsel: Einige Minuten später stehen wir auf einer anderen Lichtung, darauf zwei dicke, umgestürzte Bäume, die sich noch auf die starken Äste ihrer Kronen stützen. Vom Wurzelteller

Alte Bretter und Schwarten über schrägem Baumstamm – fertig ist der Unterstand.

beginnend, hat Jens auf beiden Seiten die Baumstämme mit alten Brettern und Schwarten benagelt, sodass zwei länglich-dreieckige Unterstände entstanden sind. Etwas Astwerk oben drüber, fertig waren zwei „Studentenbuden". Die Baukosten tendierten auch hier gen null, diese Buden werden nicht lange leerstehen.

Ich bedanke mich, setze Jens ab (der BGS nimmt seinen angestammten Beifahrerplatz wieder ein) und frage mich telefonisch weiter schlau: Ja, auch Förster Ulrich hat die Strohlager-Idee umgesetzt, sich aber noch die Mühe gemacht, mit mehreren schlichten Pfosten und einem Dach für Regenschutz gesorgt. Gehobene Ausstattung, denke ich, kein Immobilienmakler würde es versäumen, darauf hinzuweisen – und mit gewinnendem Lächeln den höheren Kaufpreis erklären. Der eilige Einzug borstiger Mieter gab dem Erbauer aber recht!

Nicht jeder hat derartig viel Zeit, dass sich gewisse Neuanlagen oder gar Anpflanzungen lohnen. Wer sich hingegen langfristig an ein Revier gebunden hat oder es gar selbst besitzt, der kann auch längerfristige Neuanlagen planen. In unserem Fall fallen immer wieder Sätze, die in etwa so lauten: „Was sind die Douglasien und Kiefern in der kurzen Zeit (fünf Jahre!) gewachsen, unglaublich."

So ergeht es uns auch häufiger. In altbekannten Reviere wundern wir uns, wie schnell sich der Wald verändert: Anfangs kniehohe Douglasien sind in wenigen Jahren von brust- (das reicht für Sauen) bis mannshoch geworden. Wer den Grundbesitzer kennt, sollte bei längerer Perspektive durchaus Gespräche führen, die auf die Anlage kleinster Einstände abzielen. In unserem Fall wurden keine Einwände geäußert und wir haben selber Bäumchen gekauft und gepflanzt.

Brombeeren sind auch so eine Wunderwaffe. Hundeführer, Jagdterrier und Hersteller von Beinkleidern werden hier die Stirn in Falten legen, aber: Brombeeren sind ebenso schnell geworben wie deren Ausläufer gepflanzt. Vielfach stellen sie sich nach Durchforstungen und vermehrtem Licht auf dem Boden selber ein – einen geeigneten Wildbestand vorausgesetzt. Dort ziehen dann nicht nur Wildschweine gerne ein.

Gehobene Ausstattung und gute Infrastruktur

Ebenso wichtig für die Annahme eines Einstandes ist die Ausstattung. Eine Suhle und jeder Malbaum können helfen, dass Wildschweine einen Forstort als Einstand wählen. Jedwedes Wasser zieht Sauen an! Können Sie einen Minitümpel ausbaggern lassen? Eine Salzlecke wird auch von den Schwarzkitteln geschätzt. Fräsen Sie noch in der Nähe einen Wühlacker ein – und gehen Sie bitte wieder. So ausgestattet, werden Sie manche Überraschung erleben, wie schnell sich die Schwarzkittel ihren Wohnort suchen.

Es müssen keineswegs immer „bürstendichte" Verhältnisse herrschen – denken Sie an die beschriebenen Lichtungen sowie die Forstgatter. Oder betrachten Sie das Bild auf der gegenüberliegenden Seite. Wir entdeckten Kessel und Lager auch an halboffenen Südhängen abseits der Wege oder unter Strohballenstapeln am Feldrand, wo nie jemand

Was doch ein Sonnenfleck im Einstand für Komfort bieten kann!

hinkam. Mitten in großen Getreideschlägen wurden Feldholzinseln angenommen, andernorts reichte eine kleine Gruppe Schlehen und Brombeeren, in der Bundeshauptstadt auch eine „kleenes L" aus zwei Flechtwänden in der Abseite eines Schrebergartens. Nun, der Berliner Immobilienmarkt war schon immer speziell.

Es klang schon mehrfach an, ich möchte es dennoch wiederholen: Oftmals müssen wir uns nicht nur Gedanken darüber machen, wo wir Sauen-Einstände anlegen können, sondern eher, ob wir es sind, die beste Wohnlagen durch unsere Jagd zerstören! Wie oft haben wir es bei Revier-Bereisungen erlebt, dass gerade die ruhigsten und besten Einstände intensiv bejagt wurden. Klar, es ist verlockend, an oder in der Dickung zu kirren, anzusitzen und zu schießen. Aber wo immer es geht, lassen Sie bitte derartige potenzielle Einstände in Ruhe, werten Sie diese auf und holen Sie sich stattdessen die Sauen an anderer Stellen Ihres Reviers! Wo ständig Flugzeug- (oder Jagd)lärm herrscht, kommt es zu Leerständen auf dem Immobilienmarkt.

Der Jagdmonat Januar

Der Jagdmonat Januar

Von Peter Burkhardt

Obwohl fast alles Schalenwild noch Jagdzeit hat, sollten die Abschüsse im Januar bereits erfüllt sein. Wer seine Abschusspläne hingegen nicht im abgelaufenen Kalenderjahr abarbeiten konnte, gerät nun in Zeitnot. In manchen Revieren fällt der Jagdleitung erst jetzt ein, dass ja noch Tiere, Ricken & Co erlegt werden müssen.

Es wird versucht aufzuholen, was monatelange Rücksichtnahme auf die Hirsche oder jagdliche Versäumnisse an unnötigem Zeitdruck angehäuft haben. Eine der Konsequenzen wird auch in diesem Monat wieder mancherorts zum Tragen kommen: die Nachtjagd auf Rotwild, und dies selbst in reinen Waldrevieren – für mich ein Armutszeugnis! Nicht nur, dass sich die betreffenden Jägersleut nicht rechtzeitig um die Abschusspläne gekümmert haben, schlimmer noch: Die Nachtjagd ist per Gesetz als Ausnahmeregelung nur dort vorgesehen, wo für bestimmte Reviere aus begründetem Anlass eine abweichende Regelung zur Wildschadensabwehr nötig ist. Aber: Wer wehrt wie in den Wintermonaten welchen Wildschaden ab? Die Felder sind abgeerntet und Wald-Wildschäden hätten, unter anderem durch eine umfassendere Bejagung des Schalenwildes, bereits im Mai oder gemeinschaftliche Ansitz- sowie eine Gesellschaftsjagd, längst eingedämmt werden können und müssen. Treffend beschreibt es THEO GRÜNTJENS, Vorsitzender der Hochwildhegegemeinschaft Suderburg: „Die Nachtjagd ist selten und nur an wenigen Orten vielleicht notwendig. An einer Sonderregelung, als echte Ausnahme wird sich auch keiner stören. Nachtjagd ist nicht mehr zeitgemäß und sollte deswegen schnellstens aufhören".

In unserer Region wird – alle Jahre wieder – zur „Ausnahmeregelung" gegriffen. Die Ausnahme ist die Regel geworden und erneut dokumentiert dieser Umstand, dass die Masse der Jäger nicht in der Lage

Amtliche Bekanntmachungen

Allgemeinverfügung

An alle Inhaber der zu den Hegeringen 2 bis 14 gehörenden Jadbezirke und der zu den Hochwildgemeinschaften Süsing, Suderburg, Oberer Drawehn und Göhrde - soweit sie im Landkreis Uelzen liegen - gehörenden Jagdbezirke.

Aufhebung des Nachtjagdverbotes für Rotwild (Kahlwild und Hirsche der Klasse III) für die Hegeringe 2 bis 14 und die Hochwildhegegemeinschaften Süsing, Suderburg, Oberer Drawehn und Göhrde.

Gemäß 24 Abs. 5 Nr. 1 des Niedersächsischen Jagdgesetzes (NJagdG) vom 13.03.2001 (Nds. GVBl. S. 100) in der zur Zeit geltenden Fassung wird allen Inhabern der o.a. Jagdbezirke zur Erfüllung des Abschussplanes und zur Verhinderung von Wildschäden erlaubt, in ihren im hiesigen Landkreis gelegenen Jagdbezirke bis zum 31.03.2013 Rotwild (Kahlwild und Hirsche der Klasse III) zur Nachtzeit zu erlegen.

Alle Jahre wieder: Die Aufhebung des Nachtjagdverbotes. Können wir uns nicht mindestens in reinen Waldrevieren dieses Armutszeugnis ersparen (Ausschnitt aus der Veröffentlichung in verschiedenen Zeitungen Nordostniedersachsens)?

ist, ihre gesetzlichen Aufgaben zu erfüllen (die Schwarzwild-Debatten lassen grüßen). Woran mag das liegen? Noch einmal THEO GRÜNTJENS: „Jäger scheinen von jeher neuem und fortschrittlichem Denken in der Behandlung der Wildtiere eher konservativ und traditionell gegenüberzustehen. Da aber die Werte- und Normendiskussion in der Gesellschaft schneller vorangeht, als manche es wahrhaben wollen, bleiben wir immer diejenigen, die nur reagieren, anstatt selber nach vorn blickend zu agieren. Rotwild ist längst nicht mehr eine Wildart, die die Jäger und Waldbauern interessiert, sondern hat durch seine Leittierfunktion für eine bestimmte Tierartengruppe in unserem Lande das Interesse anderer Betrachter gefunden. Lebensraum und dessen Gestaltung für den großen Graser ist auch für die Naturschutzverbände mittlerweile von großem Interesse. Es gibt in diesen Kreisen bereits eine beachtliche Anzahl von Experten, die sich um das Wohlergehen dieser Wildart bemühen. Deren Vorschläge, auch zur jagdlichen Behandlung dieser Tierart, sind größtenteils wissenschaftlich einwandfrei begründet und nachvollziehbar. Der gedankliche Ansatz ist jedoch ein anderer, als bei vielen Jägern, die oft nicht gewillt sind, über den eigenen Revierrand zu schauen, obwohl wir Jäger wissen, dass das Streifgebiet des Rotwildes sich nur selten an Reviergrenzen orientiert."

Unterstellen wir einmal, dass familiäre / berufliche Zwänge des Jägeres es verhinderten, alle Abschüsse vor dem Januar zu tätigen. Nehmen wir einmal an, dass die Gesellschaftsjagd nicht so gelungen ist, wie sie sollte. Wie kann man doch noch schnellstmöglich und zugleich schonend nachregeln?

Man muss „gönne könne"

Wieder sind Jäger oft nicht in der Lage, „über den eigenen Revierrand zu schauen". Selten wird zu gemeinsamen Ansitzen eingeladen, selten springt einer über den eigenen Schatten. Wie viele Tiere werden nicht geschossen, nur weil der Gedanke vorherrscht, lieber alles selber erlegen zu wollen statt andere zur Jagd einzuladen? Nach dem Motto: Bloß anderen nichts gönnen? Gibt es bei Ihnen keine Jungjäger, die liebend gerne ansitzen würden? Sprechen wir doch einmal einige von ihnen an – sie kommen sicher gerne. Gemeinsame Ansitze erreichen viel. Statt zehnmal das Revier zu beunruhigen, sitzen beispielsweise zweimal je fünf Jäger an. Nebenbei wird die Geselligkeit gefördert – und manchmal entstehen auch neue Freundschaften. Versuchen wir als Notnagel bitte, mit gemeinsamen Ansitzen nachzuregeln, wenn es aus den genannten Gründen nicht anders geht. Brechen Sie aber bitte im Januar keine Gesellschaftsjagd mit Treibern und Hunden vom Zaun. Wer solche Jagden jetzt abhält, treibt das Wild in Ernährungsengpässe, lädt geradezu zum Schälen ein und handelt wildbiologisch grob fahrlässig!

Das Telefon klingelt, es meldet sich Förster von Mirbach: „Wir müssen bei Dir in die Bestände, der Harvester ist im Süden fertig. Ab Montag fängt er in 210 an". Maschineneinsatz mit dem Harvester bedeutet oft Dauerlärm – und nachts mit Beleuchtung. Dem Jägersmann graust es, die Jagd bricht zusammen? Falsch gefolgert! Den Harvester kenn-

Bei den riesigen Harvestern und Forwardern kann man es schon mit der Angst zu tun bekommen. Das Wild fürchtet sich hingegen nicht.

zeichnet in der Tat seine akustische und optische Präsenz. Das macht ihn aber für alles Wild so leicht berechenbar. Ferner birgt er aus Sicht des Schalenwildes einen großen Vorteil: Er sägt ihm Äsung entgegen!

Überall liegt frisch gefälltes Holz. An die dünne Spiegelrinde im oberen Stammbereich wäre das Wild ohne das Fällen der Bäume nicht herangekommen. Die Folge: Trotz des Motorenlärms, laufender Säge und krachenden, metallischen Geräuschen, folgen die Tiere dem Ungetüm. Wie formulierte es der eben genannte Revierbeamte einmal so treffend: „Der Harvesterfahrer hat Mühe, das Rotwild nicht in die Zange zu bekommen." Auch das sollte uns Jägern zu denken geben. In unserem Fall führen diese Erkenntnisse unter anderem dazu, dass wir Drückjagdstände in sensiblen Bereichen im Juli / August mit laufender Motorsäge auszeichnen. Das Rot- und Damwild schaute uns zu. Jetzt im Januar, nach Wind- und Eisbruch, müssen alle Gatter, auch die in der Ruhezone, kontrolliert werden. Kein Problem: Zügig fahren, Autoradio an. Nach dem Aussteigen läuft die Motorsäge ...

Tipps rund um die Jagd an der Kirrung

Von Peter Burkhardt

Kennen Sie ein Revier, das Schwarzwild beherbergt und in dem nicht gekirrt wird? Ich nur sehr wenige. Dazu gehören zum Beispiel einige Reviere der Bundes- und Landesforsten, in denen die Revierbeamte auf jedwede Kirrung verzichteten. In vielen anderen, insbesondere in fast allen „zivilen" Revieren, finden sich Kirrungen.

Es lohnt sich also, einmal einige Tipps zu dieser beliebten Jagdform zusammen zu stellen. Ich hätte dieses Thema in nahezu jedem Monat einflechten können, nun ist es der Januar geworden. Ein Monat, indem sich mancher Waldrevier-Nimrod mit letzten Schalenwildabschüssen und vor allen Dingen den Wintersauen beschäftigt.

Beginnen wir ganz vorne in der Thematik und widmen uns zunächst der Neuanlage einer Kirrung. Bevor Sie gleich eine anlegen, stellen Sie sich folgende Kernfragen: Lohnt sich eine Kirrung überhaupt? Oder: Wird noch eine weitere benötigt?

Zur Neuanlage

Werfen Sie vor einer Neuanlage einen genauen Blick auf die Revierkarte. Der Hauptweg, der aus dem Dorf in die Feldmark oder in den angrenzenden Wald führt, ist derjenige, auf dem in der Frühe die ersten Hundeleute oder Nordic-Walker unterwegs sind. Er dient natürlich auch abends für die Naturnutzer als Rückweg. Bevor Sie sich also morgens und abends über zuviele Besucher ärgern, lassen Sie hier in der Nähe das Kirren gleich ganz.

Überlegen Sie bitte genau, wie vieler Kirrungen es eigentlich bedarf. Teilweise schreibt das jeweilige Landesrecht ohnehin eine Begrenzung vor! Wir haben in unserem Revier nach und nach immer mehr

Kirrungen einschlafen lassen. Warum? Die Unterhaltung war zu aufwendig und die Kirrungen wurden viel zu wenig genutzt. Besser vier gut gepflegte Kirrungen als acht kaum genutzte. Außerdem: Sie fasern immer mehr Ihr Wild auf! Vier gut angenommene Kirrungen sind mir lieber, als acht mit wagen Chancen.

Kirrungen werden vom Wild in der Regel in der Dämmerung oder nachts aufgesucht. Der Faktor Licht ist also entscheidend. Achten Sie zum Beispiel tagsüber einmal darauf, wie intensiv Sonnenlicht in ein Waldstück scheint. Ist der Bestand hell genug? Der Mond wird nur dann Ihr Gehilfe sein, wenn er den Kirrplatz hinreichend ausleuchtet.

Ein weiterer wichtiger Faktor ist der Wind. Sie haben schon Kirrungen für Westwinde? Dann lohnt sich eine Neuanlage insbesondere dann, wenn Sie eine für Ostwindlagen schaffen. So bleiben Sie flexibel.

Wann immer wir eine Kirrung auf bestehenden Hauptwechseln angelegt hatten, dauerte die Annahme durch das Wild keine zwei Tage – es zog ja ohnehin dort. Haben Sie solche Trassen im Revier? Gehen Sie diese einmal gedanklich ab. Ein dicker Wechsel führt vom Feld durch die hervorspringende Waldzunge in den Forst? Dort würde sich auch eine Kirrung gut machen.

Wir sind zwar nicht beim Thema Fangjagd, aber Zwangswechsel können auch einer Kirrung dienen. An unserer Reviergrenze wurde gerade scharf durchforstet und zwei große Gatter gebaut. Mittendurch muss nun das Schalenwild ziehen. Passt dort eine Kirrung hin?

Bevor Sie mit einer Neuanlage beginnen, nutzen Sie bitte einmal den Beginn einer Mondnacht und testen den auserkorenen Platz erst einmal mit einem Sitzstock. Ist die ausgesuchte Stelle wirklich tauglich? Greift genug Licht auf die angedachte Kirrfläche?

Zünden Sie tagsüber ruhig eine Rauchpatrone oder entflammen Sie einen Öllappen – kurz: Stellen Sie fest, wie der Wind an diesem Ort wirklich weht. Insbesondere im Wald verschlägt sich ein draußen als Westwind wahrgenommenes Lüftchen auf einmal an einer bestimmten Stelle zum Beispiel stets nach

Nord. Stimmt alles? Wenn ja, beginnt die Ausstattung.

Zur Ausstattung

Das Kirrungsgeschäft läuft nicht nur überwiegend zur Dämmerungs- und Nachtzeit, sondern verlangt, geduldig anzusitzen. Unbequemes Sitzen und übermäßiges Frieren gehen gar nicht. Ich bin bestimmt nicht als Freund geschlossener und großer Reviereinrichtungen bekannt. Aber hier passt eine geschlossene Kanzel hin.

Bauen Sie aber bitte keine Wachtürme. Über dem Wind sitzen können Sie ohnehin nicht. Entweder er passt oder nicht. Im Gegenteil – und bei Beachtung des Kugelfanges – je tiefer Sie sitzen, umso besser zeichnet sich oft das Wild ab! Nicht umsonst stellte Großvater an seinem Luderplatz einen Erdsitz auf.

Sorgen Sie dafür, dass Sie Ihre neue Kirrungskanzel leise erreichen und verlassen können. Ein Pirschpfad ist angezeigt (siehe Seite 118). Halten Sie die Schussentfernung gering. Nicht eben wenige Kirrungsprofis tendieren zur Schrotschussentfernung von circa 35 Metern.

Heutzutage sind die Unterschiede zwischen Luderplätzen und Kirrungen fließend. Am Luderplatz erscheinen die Sauen, an der Kirrung zum Beispiel auch Marderhunde, Dachse und Waschbären. Rechnen Sie mit allem! Eine kombinierte Waffe mit lichtstarker Optik ist im Übrigen ideal für die Jagd an der Kirrung. Apropos lichtstark: Helles Gras oder heller Sand werden Ihnen helfen, die Stücke später besser anzusprechen. Wenn Sie zwischen zwei Plätzen schwanken, nehme Sie den mit hellem Untergrund.

Zur Unterhaltung

Die Kirrung steht, nun geht es los. Denken Sie daran, dass vielerorts Kirrmengen vorgeschrieben werden! Was können Sie ausbringen: klar, der Klassiker ist Mais. Versuchen Sie sich bitte auch einmal mit Eicheln, Bucheckern, Weizen, Frolic – variieren Sie ruhig.

Ein Revier ist schnell leergefahren oder -gekirrt. Fahrweg 1 verdeutlicht, dass wir anfänglich ständig unser Revier selbst massiv beunruhigt haben. Fahrweg 2: Heute vermeiden wir jede Beunruhigung durch unseren Jagdbetrieb. Wir fahren nur noch um das Revier herum!

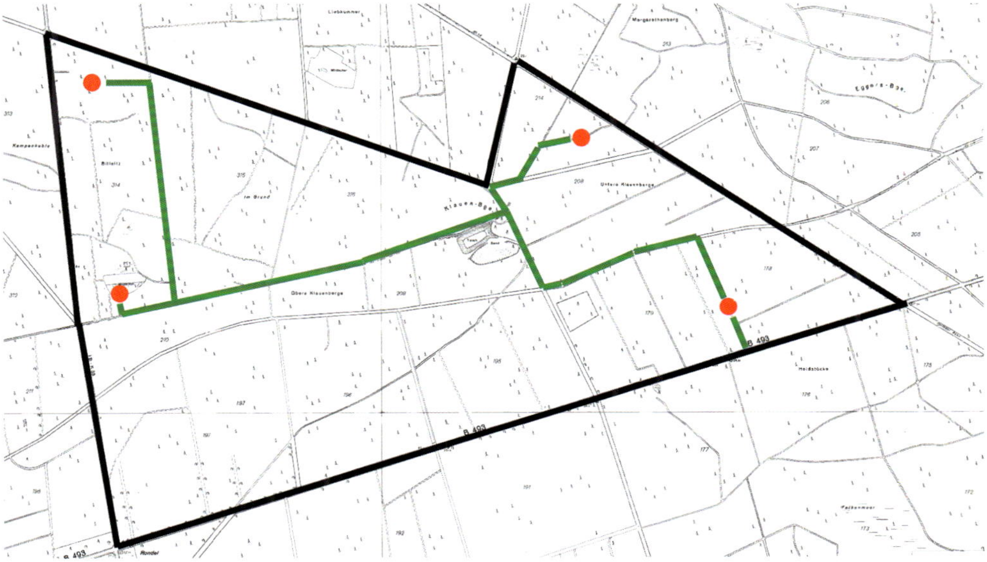
Klauen-Bge.
B 493
Obere Klauenberge
Untere Klauenberge
Heidstücke
Eggers-Bge.
Margarethenberg
Liebkummer
Billeitz
Im Grund
Kampenkuhle
Rondel

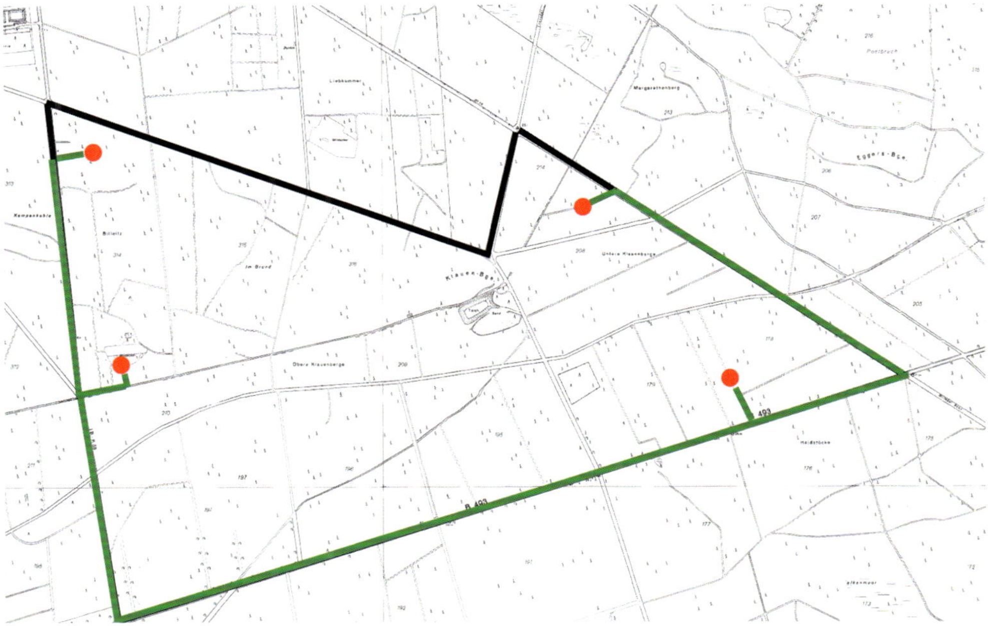
Klauen-Bge.
B 493
Obere Klauenberge
Untere Klauenberge
Heidstücke
Eggers-Bge.
Margarethenberg
Liebkummer
Billeitz
Im Grund
Kampenkuhle

Decken Sie Ihr Kirrmaterial immer ab. Wer an der Kirrung breitwürfig Mais schmeißt, füttert nur die Vögel. Für die Abdeckung eignen sich dicke Holzplatten, zwischen denen Mais liegt, Mais in einem Erdloch mit einem Holzstamm oben drüber oder legen Sie das Kirrgut unter Feldsteine. Diese Vorgehensweisen haben sich bei uns und Jagdfreunden bewährt. Sie stutzten bei „Holzstamm“? Nur Mut! Wir haben noch kein Holz gefunden, das unsere Schwarzkittel nicht bewegen konnten. Die Tiere entwickeln unglaubliche Kräfte. Je schwerer Hölzer und Steine, umso eher gewährleisten Sie, das Ihre Hauptadressaten, die Wildschweine, auch das Kirrmaterial bekommen. Denken Sie daran: Rabenvögel, Waschbären & Co – die Liste der Mais-Neider ist lang. Die Feldsteine haben übrigens schon manchen schlafenden Waidmann dankenswerterweise aufgeweckt, als die Sauen plötzlich an der Kirrung standen. Natürlich würde Ihnen und mir so etwas nie passieren ...

Sauen können nicht nur große Gewichte bewegen, sie sind auch zu beeindruckenden Grabeleistungen im Stande. Nehmen Sie sich eine Stahlstange und bohren Sie damit eine dünne Röhre in die Tiefe. Aus einer Gießkanne füllen Sie in den schmalen Schacht ein wenig Kirrgut hinein. Deckel drauf, fertig. So binden Sie nicht nur Ihre Wildschweine sehr lange an die Kirrung, denn es dauert, den dünnen Schacht aufzugraben und auch noch an das letzte Korn zu kommen. Sie können auch mit geringsten Kirrmengen viel erreichen.

Kritisch überpüfen

Sie verfügen schon über Kirrungen? Dann ist es an der Zeit, diese kritisch in Augenschein zu nehmen, denn in vielen Revieren ist der Kirrungsbetrieb ein riesiger Störfaktor, was viele Weidmänner allerdings nur ungern hören. Einige Beispiele:

– Ein Besuch in einem Revier eines Jagdfreundes erbrachte folgendes Bild: Sein Waldrevier war überwiegend mit raumen Nadelwäldern bestanden. Zwischendrin fanden sich immer wieder eingesprengte Dickungen, manche davon waren sehr groß. Wo lagen seine Kirrungen? Stets in den Dickungen seines Reviers. Weg da, mag man ihm zurufen oder alternativ: Genau dort nicht! Auch in diesem Fall bejagt der Jagdfreund stets die letzten Ruhe- und Rückzugsräume des Wildes und dringt nahezu täglich in die „Schlafzimmer" des Schalenwildes ein. Hier wird ein Revier leergekirrt.

Folgerichtig wäre ein Umbau beziehungsweise eine Neulanlage der Kirrungen an den Feld-Wald-Grenzen oder der Versatz dieser Reviereinrichtungen weit hinein in die offenen Hölzer. Warum geschah das bisher nicht? Die Lösung heißt Bequemlichkeit. Schon der Vorgänger kirrte dort, die großen Kanzeln stehen eben da und die meisten Kirrungen waren so bequem mit dem Auto zu erreichen. Alles Eigentore, liebe Jagdfreunde! Nicht umsonst steht kaum noch Schalenwild dauerhaft in dem beschriebenen Revier, sitzen die Weidmänner oft lange an, bis endlich Wild auftaucht. Haben Sie den Mut, Ihre Reviere einmal kritisch zu durchleuchten!

Nicht nur die Lage der Kirrungen kann problematisch sein, auch deren Beschickung (s. Karten auf Seite 173). Nehmen Sie das Beispiel aus unserem Revier. Unser erster Fahrweg war der Tradition geschuldet.

Holen Sie bitte Ihre Kirungen aus den Einständen heraus!

Er führte kreuz und quer durch den Busch. Mit jeder Tour liefen wir Gefahr, Rot-, Dam- und Schwarzwild massiv zu stören. Eine andere Route musste her. Die Grafik unseres zweiten Fahrwegs verdeutlicht, dass wir heute alles daransetzen, unser Revier nicht zu beunruhigen. Der Weg mag länger sein, ist aber wildfreundlicher.

Der Jagdmonat Februar

Der Jagdmonat Februar

Von Peter Burkhardt

Es ist der erste Februar, Saisonende für das meiste Schalenwild. Unser Ansitz gestern am letzten Januartag war ein Ausklang ohne große Ambitionen, etwas zu erlegen. Wir saßen bei einem Freund in dessen Revier noch in den Abendstunden an.

Das große Aufräumen setzt jetzt ein, Sachen werden sortiert, ein Jagdwäschestapel wächst. „Deine Hose steht ja vor Schweiß", ist da einer der gängigen Kommentare. Selbst die Schweißleine und das -geschirr bedürfen einer gründlichen Reinigung. Wir sitzen zusammen, der Kamin brennt, nebenbei läuft die Putz- und Flickstunde. Meine Büchse sieht das erste Mal seit längerem einen Putzlappen und Öl, das Auto wurde vorhin mit dem Dampfstrahler bearbeitet, Riemen werden genäht, die Ausrüstung eingemottet.

Für uns ist der erste Februar immer unserer individuell gefühltes Jagdende. Gleichzeitig ist es ein Tag des Zusammensitzens. Jetzt ist Zeit für einen Rückblick. Die Jagdstatistik wird hervorgeholt, eine Flasche Wein geöffnet und es wird darüber gesprochen, was alles gut geklappt hat und was nicht.

Ein Parameter ist sicherlich die Erfüllung der Abschusszahlen, die wir uns vorgenommen haben. Bei Rot-, Dam- und Schwarzwild sind wir erfreut bis zufrieden, beim Rehwild liegt zu wenig auf der Strecke.

Zweiter Gesichtspunkt ist die Verteilung der Abschüsse im Jahresverlauf. Dazu haben wir mehrere Jahre übereinandergelegt und addiert. Die Skizze oben rechts beschreibt die Verteilung der ersten fünf Jahre. Hier sind zwei Dinge gut zu erkennen: Es gab eine Zeit, in der der Juni die Freigaben für Rot- und Damwild enthielt, wie sie jetzt im Mai gelten. Die Schmalspießer und -tiere beider Arten sind nun im Mai offen, die alte Junibejagung ist in der Kurve aber noch gut ablesbar.

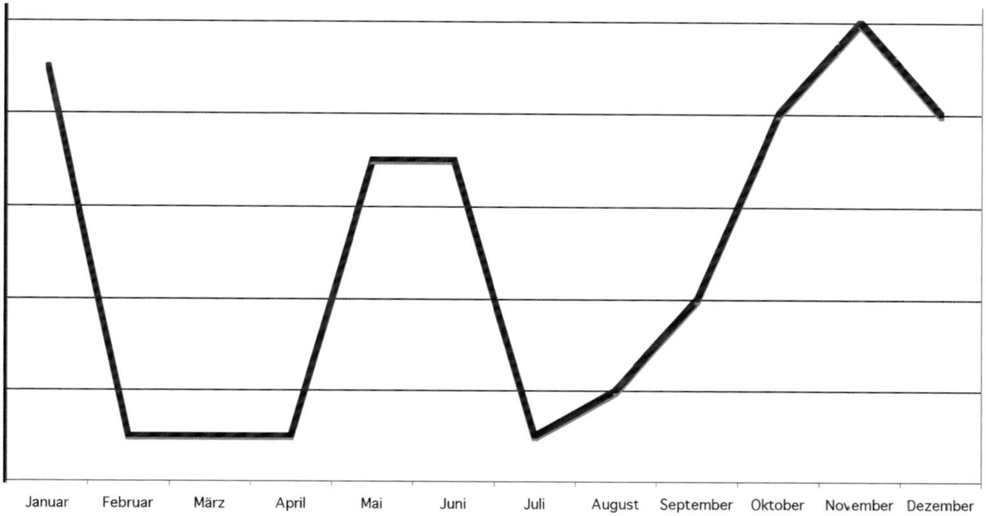

Verteilung der Erlegungsdaten allen Rot-, Dam-Schwarz- und Rehwildes bis 2009 mit bis dahin starker Bejagung im Januar.

Ein weiterer Punkt wird ersichtlich: Die viel zu hohe Bejagungsintensität im Januar! Diese Tatsache ist dem Umstand geschuldet, dass wir es selber waren, die früher, immer am 31. Januar eines Jahres, noch einmal unsere Jagdfreunde zusammengerufen haben, um den letzten großen Schalenwildtag gemeinsam zu begehen. Wir trafen uns nachmittags und saßen zusammen in die Dämmerung hinein. Manches Mal fielen sogar noch mehrere Stücke. Anschließend, so wurde es schnell Tradition, gab es Bier, Wein und Essen satt, und oft saßen wir bis weit nach Mitternacht zusammen und erzählten.

Es waren fantastische Stunden unter Freunden – nur mit einer völlig falschen Aktion vorweg. Allein die Gesellschaftsjagd in den Abend hinein potenzierte das Problem, auf etwaige schwierige Nachsuchen nur am Folgetag reagieren zu können.

Unsere fehlerhafte Planung

Außerdem stellte dieser Termin nun wirklich alles in Abrede, was wir uns

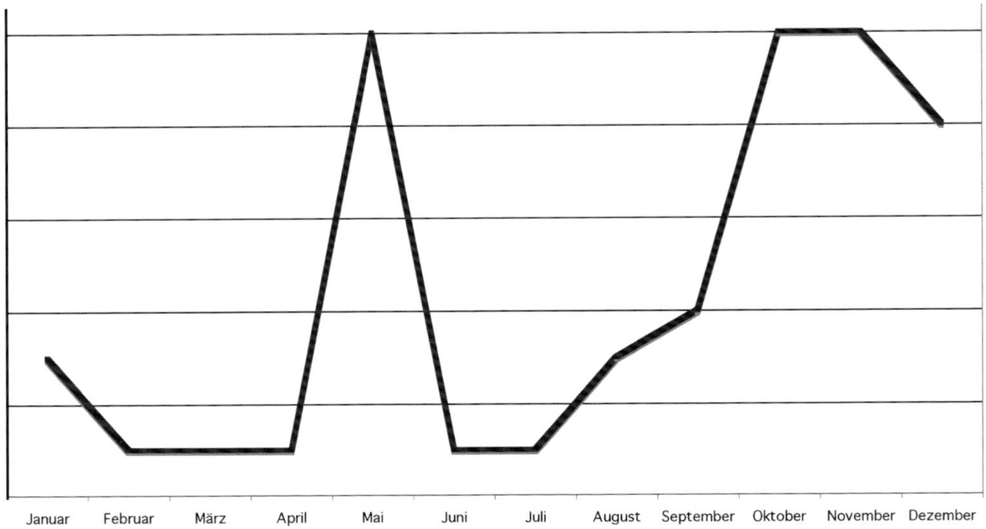

Entwurf des zukünftigen Jagdplans, geplante Bejagungszeiträume.

als Beschränkung unserer Jagd selber auferlegen wollten: Jagdruhe nach dem 31. Dezember!

Was tun? Das Zusammensein mit den Freunden wollten wir nicht mehr missen. Also haben wir die ganze Veranstaltung in den Herbst verlegt und so beides erreicht: Eine frühe Drückjagd findet jährlich im Revier statt und die uns lieb gewonnenen Gäste sind dabei. Jedwede Gesellschaftsjagd, womöglich mit Beunruhigung, wird künftig ab Weihnachten unterbleiben – eine Aussage, die sehr schön zur Grafik oben überleitet.

Der Mai und der Herbst

Zukünftig möchten wir noch intensiver auf den Jagdmonat Mai setzen. Die Begründung wurde im Kapitel „Der Jagdmonat Mai“ ausführlich beschrieben. Ein weiterer Schwerpunkt soll der Zeitraum von Ende Oktober bis Ende Dezember sein. Im Februar, März, April, Juni und Juli findet keine Jagd statt. Die Monate Januar, August und September sehen nur noch einige wenige Einzelansitze vor. Vier Monate intensiv jagen, drei Monate minimale Jagd und fünf Monate totale Ruhe wären die Folge.

Es ist ein Konstrukt, das viele Chancen birgt, flexibel zu reagieren. Es wird eine Notzeit ausgerufen oder Schneebruch und Eisregen verbieten uns, auch ohne Notzeit zu jagen? Kein Problem, das Gros der Stücke liegt schon, wir brauchen nun den Januar nicht mehr! Es ist ein erster Entwurf, eine vage Idee, wie wir die Jagd zukünftig strukturieren könnten. Auch dieser Plan ist selbstverständlich im Wandel begriffen. Schaffen wir es idealerweise, auch den Januar ganz zu beruhigen?

Die Zukunft wird zeigen, ob sich unser neues Jagdmuster tatsächlich bewähren wird.

Eine Notzeit wurde im Februar 2010 ausgerufen, davor zuletzt im Jahr 1963.

Wenn ich Leittier wäre ...

Von Peter Burkhardt

Beim Aufräumen und Säubern im Februar sitzen wir nicht nur zusammen, um Statistiken zu bewegen, sondern auch, um Jagdeindrücke der letzten Jahre zu diskutieren. Immer wieder versuchen wir dann, aus Sicht des Wildes zu denken und müssen häufig anerkennen, dass „es besser war als wir". Insbesondere „unser" Rotwild erstaunt uns immer wieder. Beispiele für seine Verstandesleistungen in der Literatur finden sich wenig, daher haben wir uns selber einmal ein paar Gedanken gemacht. Nachstehend einige, aber keineswegs wildbiologisch gesicherte Überlegungen sowie nicht nur das Rotwild betreffende Erfahrungen aus der Praxis.

Rückblende, wie die Zeit vergeht: Erst kürzlich planten wir doch die letzten Details für unsere spätherbstliche Drückjagd. Wo muss ein neuer Drückjagdbock hin? Wo soll ein anderer umgestellt werden? Bei der letzten Jagd hatten wir unser Vorgehen geändert, nachdem wir staunend anerkennen mussten, dass unsere bisherige Strategie vom Rotwild, insbesondere von den Leittieren, durchschaut worden war. Die ersten zwei Jahre fielen mehrere Stücke Rotwild, im dritten Jahr erlegten wir im Rahmen unserer kleinen Drückjagd nicht ein Stück. Was war passiert? Die Erklärung war naheliegend: Die Leittiere hatten dazugelernt! Elegant und sicher führten sie ihre Rudel – unbeschossen – durch die Kette der Drückjagdstände hindurch.

Überlegung behält die Oberhand

Zurück in den Februar: Kurze Unterbrechung des familiären Gesprächs, das sich wieder einmal um unser Schalenwild dreht. Mir ist etwas eingefallen. Ich laufe zum Bücherregal und entdecke schließlich das gesuchte Buch: „Zur Naturgeschichte des Rotwildes" lautet der Titel.

JOACHIM BENINDE hat es 1937 geschrieben. Zurück in der Runde, lese ich daraus vor: „Rehe besitzen einen ausgesprochenen und sehr starken Fluchtinstinkt, der (...) leicht zur Panik wird; die Intelligenz tritt dann völlig zurück und ist ausgeschaltet. Anders der Hirsch. Bei ihm hält, abgesehen von extremen Fällen, die Überlegung stets Oberhand, das heißt das Stück versucht, der Schwierigkeit durch Überlegung Herr zu werden. Die hierzu erforderliche Erfahrung gewinnt es durch seine scharfe Beobachtungsgabe und ein offenbar hoch entwickeltes Assoziationsvermögen, das heißt seine Fähigkeit zu kombinieren."

So war es auch in unserem Fall. Erinnert sei hier an die Veränderung einiger Drückjagdsitze beziehungsweise deren Zurücknahme nach Misserfolgen. Nicht nur im Zuge der ersten Drückjagden mussten wir bewundernd anerkennen, dass auch nachfolgender Satz BENINDES ins Schwarze trifft: „Eine Verstandesleistung ist die Verwertung individueller Erfahrungen mit Hilfe des Gedächtnisses." Wie kaum bei einer anderen Wildart, haben besonders die Verstandesleistungen des Rotwildes uns in der Jagdpraxis beschäftigt. Immer wieder merkten wir, dass die Leittiere unsere Pläne richtig deuteten oder – ihre Erfahrungen nutzend – uns wieder „ausgetanzt" hatten. Wie baut sich diese Erfahrung auf?

Noch einmal BENINDE: „Selbstverständlich bringt das Kalb einen gesicherten Schatz von Instinkten mit, das heißt, es sind ihm diverse Muster in die Wiege gelegt worden. Aber Instinkte sind nur im Normalfall sichere Rezepte. Der Verstand hingegen gewährleistet die hohe Anpassungsfähigkeit an viele Lebenssituationen, ja, nur durch den Erwerb von Erfahrungen im Laufe des Lebens, durch Lernprozesse und Gedächtnisleistungen, ist Rotwild in der Lage, sich veränderten Situationen anzupassen, mehr noch, diese richtig einzuschätzen."

Folgender Satz imponierte unserer Gesprächsrunde besonders: „Zweifellos wird das Verhalten des Rothirsches gegenüber der Umwelt nur zu einem verhältnismäßig kleinen Teil triebhaft, zum größeren verstandesmäßig gesteuert." Was bedeutet das für die tägliche Praxis im Revier?

Weit mehr Jagderfahrung als wir ...

Die Befähigung, Erlebtes zu verarbeiten, zu speichern und das Gelernte in künftige Verhaltensmuster einzubinden, verlangt von uns, mit immer neuen Ideen diesem Wissen zu begegnen. Wenn ich, wie bei der letzten Drückjagd, vor acht Tieren mit ihren Kälbern und begleitenden Schmaltieren stehe, treffe ich auf einen gewaltigen Erfahrungsschatz. Unterstelle ich einmal, dass die acht Alttiere im Mittel acht Jahre alt sind, so begegnen mir 64 Jahre Jagderfahrung!

Und diese Erfahrungen sind bitter. Denn wie viele andere Stücke Rotwild haben diese acht Damen um sich herum wohl schon sterben sehen? Wie viele Kälber haben sie in Summa durch einen Schuss verloren? Wie viele Drückjagden haben sie insgesamt mitgemacht? Und da wundern wir uns, dass wir keine drei Mal nach dem gleichen Rezept erfolgreich jagen können?

Wie naiv gehen wir da oft an unser Wild heran? Statt ständig an uns zu denken, müssen wir zukünftig die Fragestellung umdrehen. Jagdstrategisch korrekt lautet die Formulierung dann: Was will und denkt ein Leittier? Und nicht, was hätten wir gerne! Um erfolgreicher zu jagen, müssen wir uns in die Tiere hinein versetzen und deren Verstandesleistungen ernst nehmen.

... und jede Menge Schwarmintelligenz

Um den Aufbau von „Schwarmintelligenz" bei unserem Rotwild möglichst gering zu halten, müssen unsere Überlegungen schon bei der Einzeljagd beginnen. Im Falle unseres überschaubaren Revieres bedeutete das im ersten Schritt, unsere Ansitzeinrichtungen aus der Optik des Wildes herauszunehmen. Klobige Kanzeln werden – nicht nur vom Rotwild – enttarnt und gelernt. Kleine, gut gedeckte und mit der Umgebung verschmelzende Ansitzböcke hingegen nicht.

Im zweiten Schritt gingen wir zur Bejagung in Intervallen über. Statt ständiger Einzeljagd viele Tage hintereinander, favorisieren wir gemeinschaftliche Ansitze in einer kleinen Gruppe. Diese wiederum, Schritt Nummer drei, packten wir in Bejagungsblöcke. Ein Beispiel: Nach

Charakterkopf: 10 Jahre alt, wenigstens 60 überlebte Drückjagden, bereits sechs geschossene Kälber ...

Wochen der Jagdruhe folgen mehrere gemeinschaftliche Ansitze im Mai, das heißt Bejagung kleinster Rudel oder einzelner Stücke, danach ist im Juni und Juli wieder Jagdruhe .

Im Zuge dieser Bejagungsblöcke vermeiden wir (Schritt 4) immer die gleichen Stellen zu besetzen. Heute sitzen wir – je nach Wind – zu dritt an der Ostseite des Reviers, zwei Tage später zu viert auf Plätzen an der Westgrenze. Apropos Wind: Dabei achten wir darauf, dass uns alles Schalenwild nicht in den Wind zieht. Gelingt uns das nicht, hat ein Leittier wieder etwas dazugelernt. Aber auch nach Ansitzerfolgen bleibt unsere Maxime der Wechsel. Wenn ich heute Abend aus einem kleinen Rudel einen Spießer heraus schieße, kann ich mir sicher sein, dass dieses Rudel mit diesem Leittier bestimmt nicht am Folgeabend erneut erscheint. Mehr noch: Das Tier merkt sich sehr lange diesen Vorgang – leider. Wann immer sie ihr Rudel wieder hierhin führen wird, lässt sie doppelte Vorsicht walten und – dies habe ich mehrfach beobachten können – umschlägt unter Umständen den Ort, wo ein Schuss gefallen ist.

Dieses Merken, diese Verstandesleistungen addieren sich im Laufe einer Jagdsaison auf! Sie führen schlussendlich dazu, dass Rotwild in vielen Revieren – da überall beschossen und vor allen Dingen dauerbejagt – immer später in Anblick kommt. Die Stücke, die im Juli noch früh sichtbar waren, schleichen spätestens im November nur noch in der Dämmerung oder in der Nacht umher. Was macht der Jäger? Er jagt nachts – ein Teufelskreis.

Neue Choreografien bitte

Wie bekamen wir nun unsere Drückjagdpleite in den Griff? Zunächst stellten wir Drückjagdböcke um, dorthin, wo bisher noch nie jemand gesessen hatte. Andere ließen wir ein oder zwei Jahre unbesetzt, dann tauchte dort plötzlich wieder jemand auf. Kurz: Wir versuchen jedes Jahr eine etwas abgewandelte Choreografie (Schritt 5).

Dazu gehört es insbesondere, die Art der Beunruhigung ständig zu variieren (Schritt 6). So gibt es bei uns keine vom Wild leicht ausrechenbare Treiberwehr mehr, die, schlimmstenfalls laut lärmend, in Linie durch den Busch trampelt. Nichts ist besser für das Wild kalkulierbar. Von Rot- bis Rehwild, von Dam- bis Schwarzwild: Alle wussten stets, wo wir waren, einige (zumeist Sauen) ließen sich überrollen, andere wichen elegant aus oder zogen erhobenen Hauptes mitten durch die Treiberwehr (Rot- und Damwild). Mittlerweile setzen wir einzelne Personen in festen Sektoren ein. Als Beunruhiger bleiben sie in einem kleinen, überschaubaren Beritt und halten sich dort während der ganzen Jagd auf. Mal gehen sie hier, mal stehen sie dort. Kein Gelärme, nur schwer kalkulierbare Präsenz. Das bringt sogar immer wieder Sauen auf die Läufe, die nach einer gewissen Zeit nervös werden.

Wir haben festgestellt, dass es im Ablauf der Jagden oft zunächst eine

Rot- und Damwildphase gibt, danach erleben wir eine Schwarzwild- und andere Sich-Drücker-Phase. Um Rot- und Damwild in Bewegung zu bringen, bedarf es wenig.

Verunsichern, nicht vertreiben

Teilen auch Sie Ihre Jagd versuchsweise einmal in eine „Weitflüchter-" und eine „Drückerphase". Vermeiden Sie mehrstündige Hetzjagden. Wenn um halb zehn plötzlich überall Hundelaut ertönt, wissen unsere Leittiere, was die Stunde geschlagen hat. Noch einmal das Beispiel von oben: Zusammen 64 Jahre Jagderfahrung denken sich ihren Teil und sehen zu, dass sie schnell und großräumig die Jagd verlassen. Wir kommen, dies ist der geringen Reviergröße und dessen Überschaubarkeit geschuldet, mittlerweile ohne Hunde aus. Dies ist sicherlich eine Ausnahme, wir wissen das.

Ein anderes Rudel hatte vergangenes Jahr das Treiben schon verlassen, bevor der letzte Schütze überhaupt saß. Wie konnte das passieren? Statt leise die Stände zu beziehen, hatte das mehrfache laute Zuschlagen von Autotüren unser Leittier „Trude" bereits darüber informiert, dass wieder diverse Menschen kommen. Dies geschah an Stellen und zu einer Zeit, zu der sonst dort Ruhe herrschte. Außerdem ging das Lärmen nicht weiter, wie etwa bei „Zivilisten", sondern brach ab. Gefahr! Das ehrwürdige Trudchen beschloss, die Ihren zu versammeln und sich besser zu trollen – und wir machten eine lange Nase.

Die familiäre Gesprächsrunde hat inzwischen auf der Revierkarte einen neuen Platz für einen Drückjagdbock auserkoren und wir beschließen, das gute Stück gleich rauszubringen.

Für unsere Plätze, an denen wir Drückjagdböcke aufstellen, gelten zwei simple Regeln (Schritt 7): Weg von den Wegen und rein in die Bestände. Erschrecken Sie nicht, wenn Sie eines Tages an einem unserer Stände ankommen. Ein riesiges Schussfeld wollen wir gerade nicht! Mitten im dichten Bestand kommt Ihnen dann aber die Rotte recht vertraut, der Rotspießer schon wieder langsamer und die Ricke mit Kitz können Sie mit einem Pfiff sogar zum Verhoffen „überreden". Das wäre am Wegesrand schwerlich passiert, hatte doch „Tante Trude" schon lange gelernt (Leitbache „Annegret" übrigens auch), dass es da früher immer knallte. Folgerichtig flogen die Tiere über die Schneisen, nur um dann im Bestand langsamer zu werden. Da sitzen nun aber Sie ...

Wenn der neue Drückjagdbock an gedeckter Stelle stehen soll, könnten wir beim Aufstellen eventuell Wild hochmachen. Was also tun? Wenn wir schon die Tiere mit unserer ungebetenen Präsenz stören, dann so, dass wir nicht als Jäger wahrgenommen werden (Schritt 8)! Dies gilt für alle Revierarbeiten und auch dann, wenn Sie leider doch vom Wild entdeckt worden sind. Im letzteren Fall verwandeln Sie sich am besten bitte blitzschnell in einen Pilzsammler oder werden Sie zum Spaziergänger: Wir pfeifen dann ein Liedchen, halten Selbstgespräche und schlendern möglichst laut davon. Enttarnt sind wir sowieso, nun sollten wir wenigstens unverdächtig erscheinen. Meistens funktioniert diese Taktik ganz gut und das Wild springt nicht ab.
Apropos unverdächtig: Ich frage gerne Reitersleut und Kutschfahrer, die ich im Wald treffe, was sie für Wild gesehen haben. Beide Waldnutzer sind ebenfalls völlig „unverdächtig", alles Wild hat schon lange gelernt, dass von ihnen keine Gefahr ausgeht. Folgerichtig ist der Anblick eines vertrauten Rot- oder Damwildrudels aus dem Sattel oder vom Kutschbock keine Seltenheit. Gleiches gilt wie schon beschrieben für die riesigen, lärmenden Holzerntemaschinen!

Waldarbeiter schießen nicht

Im ersten Fall, der Revierarbeit an sensibler Stelle – so wie beim Aufstellen des neuen Ansitzbockes jetzt – läuft es nach vergleichbarem Muster ab. Kurz vor Erreichen des ausgespähten Standortes steige ich von der Ladefläche des Wagens ab und werfe eine Motorsäge an. Nachdem es reichlich knattert, geht es weiter. Vorneweg der Pickup im Schritttempo durch den Bestand, dahinter gehe ich mit laufender Säge. Als wir den neuen Standort des Drückjagdbockes fast erreicht haben, tauchen vor uns mehrere Stücke Rotwild auf. Eher gelangweilt ziehen sie weiter ins raume Altholz. Dort bleiben sie in etwa 100 Meter Entfernung stehen, bis wir fertig sind. Warum auch flüch-

Von Forstwirten geht keine Gefahr aus, ganz im Gegenteil. Wenn alles Schalenwild dieser Umstand gelernt hat, nutzen wir das doch!

ten – unsere Tarnung als Holzselbstwerber hat Bestand. Sie behalten uns im Auge, mehr nicht. Der Bock steht, unsere Prozession verschwindet hinter einem Hügel, Säge aus, ab nach Hause.

Ein gelungenes Fazit meiner Erfahrungen nach mehrjähriger, intensiver Beschäftigung mit dem faszinierenden Rotwild fand ich erneut in einer Formulierung BENINDES im zuvor genannten Werk wieder: „Das Verhalten des Rotwildes wird unter natürlichen Verhältnissen vorzugsweise von verstandesmäßig ausgewerteten Erfahrungen geleitet, wobei die Entschlüsse zum Handeln nicht nur auf einzeln eng begrenzten Erinnerungsbildern aufbauen, sondern unter starker Assoziationskraft echte Kombination verraten." Vergessen wir das bitte nie!

Der Jagdmonat März

Foto: Hans-Jürgen Kelm

Der Jagdmonat März

Von Peter Burkhardt

Der März ist oft der Monat der Hege- oder Trophäenschauen. Jetzt ziehen wir Jäger Bilanz. Die Hegeschauen haben, neben der Kontrolle der Abschussdurchführung, die Aufgabe, über die Entwicklung der Wildbestände zu informieren und den Erfolg der Hegebemühungen darzustellen. Sie dienen gleichzeitig der Fortbildung sowie dem Erfahrungsaustausch der Jäger. Außerdem erfreuen wir Jäger uns an dem Anblick der verschiedenen und interessanten Trophäen.

Gegen Monatsmitte steht auch unsere jährliche Hauptversammlung an. Neben gutem Essen und der Pflege der Kontakte dient dieser Abend dazu, sich immer wieder mit den Hauptakteuren der Region auszutauschen. Auch vordergründig jagdferne Personen werden extra zur Hegeschau eingeladen. Landwirte berichten über den diesjährigen Anbau ihrer Feldfrüchte, wir reden über das Brennholzwerben, Holzmärkte und aktuelle Preise. Der Betreiber des hiesigen Reitstalls mit angeschlossenem Ferienhof ist ebenso zugegen, genauso wie die Leiterin einer Rettungshundestaffel, die ein neues Trainingsgelände sucht. Über Bier und Wein hinweg lässt sich gut miteinander reden, so gut, dass Ferienhofausritte nun zwei Revierbereiche nicht mehr tangieren und die Rettungshunde auf der Brache an der Feldscheune und im Kiefernwald zwei verschiedene Übungsgelände bekommen haben. Als Gegenleistung fahren wir bei größeren Reitveranstaltungen Wasserbottiche in den Busch, aus denen die Pferde schöpfen können und räumen die Brache mit auf.

Die beiden regionalen Polizisten sind auch zugegen, nehmen für etwaige Wildunfälle Handy- und andere Telefonnummern auf und geben diese an die Leitzentrale weiter. Das Verwirrspiel der letzten Jahre um die Zuständigkeiten hat auch an unserem Bundes- und Kreisstraßenabschnitt endlich ein Ende.

Stefan, der Sohn eines Landwirtes, hat sich entschlossen, den Jagdschein zu machen. Ob er im Zuge der Ausbildung gelegentlich mal mitgehen dürfte? Natürlich darf er, Bücher stellen wir auch zur Verfügung, weitere Rückfragen gerne und jederzeit. Wenn alles gut geht, ist also demnächst wieder einer mehr im Boot, und das auch noch mit regionaler Bindung und aus dem Kreis der Agronomen. Solche Leute suchen wir! Drücken Sie mit uns für Stefan die Daumen.

Pflanzmonat März – auch in diesem Jahr werden wir uns wieder mit selbst bestellten Pflanzen an den Pflanzaktionen beteiligen.

Von der Freude, Bäume zu pflanzen

Zurück ins Revier: Der März ist traditioneller Pflanzmonat. Auch wir werden nicht müde, Jahr für Jahr selbstständig Bäume zu pflanzen. In diesem Jahr sollen es einige Roteichen sein, von denen wir hoffen, dass sie frühzeitig fruktifizieren werden. Vielleicht werden wir das als Jäger in diesem Revier selber nicht mehr erleben, aber wenn es danach geht, bräuchte niemand einen Baum zu setzen. Ist es denn nicht Freude genug, dass andere irgendwann sich über diese Bereicherungen im Wald freuen, seien es Tiere oder Menschen? So muss man dann auch wohl unsere Aktion im letzten Jahr deuten. Von den Esskastanien und Stieleichen profitieren wir hinsichtlich ihrer Leistung als Mastbäume garantiert nicht mehr. Trotzdem ist das Pflanzen von Bäumen eine zutiefst befriedigende Tätigkeit. Anders verhält es sich bei Sträuchern, die schneller Erfolge sichtbar machen. Und so verwundert es nicht, dass wir uns wieder die Mühe machen, Brom- und Himbeeren sowie einige Ginster zu setzen.

Wühläcker – schnell angelegt, lange wirksam

Von Peter Burkhardt

Bei der Neuanlage eines großen Wildackers kam es vor einigen Jahren zu einem Missverständnis mit dem Sohn des Landwirts, der die Flächen in Vertretung seines Vaters bestellen sollte. Der Jungbauer pflügte nicht nur den Streifen um, der für die Wildäcker vorgesehen war, sondern machte auch eine unserer Kirrungen dem Erdboden gleich. Über die gesamte Fläche brachte er die Wintersaaten ein. Noch Wochen später durchwühlten die Schwarzkittel den Bereich des Wildackers, der ehedem als Kirrung diente. Die Situation mutete an wie „Roggen nach Mais" im Feldrevier. Was war genau passiert?

Zunächst fräste der Landwirt den Boden, um ihn für die Aussaat zu bereiten. Dann brachte er die Saat aus und eggte das Saatgut leicht ein. Unsere Maislöcher wurden dadurch nicht nur zerstört, sondern das kostbare Schweinegold tief eingearbeitet und gleichzeitig verteilt – der erste Wühlacker des Reviers war entstanden. Was uns überraschte, war die intensive Annahme dieses Wildackerbereiches auch durch Rot-, Dam- und Rehwild. Fuchs und Dachs sahen wir dort ebenso wie Waschbären und Marderhunde. Prompt suchten wir in der Folgezeit nach einem Weg, das Prinzip des Wühlackers weiter zu entwickeln.

Dreimal im Jahr treffen wir uns seitdem mit dem Bauern. Er kommt mit Schlepper und Egge und wir haben Mais im Gepäck. Der Mais wird breitwürfig ausgebracht und mehrfach tief übergeeggt – fertig sind die neuen Wühläcker. Obwohl wir teilweise nur geringe Mengen Mais ausbringen, hält diese Art der Anlage das Wild sehr lange auf diesen Flächen! Das schafft in dieser Form keine Kirrung.

Wühläcker sind schnell und mit einfachsten Mitteln angelegt.

Die tägliche oder zweitägliche Rundfahrt mit Mais hatte ein Ende. Je nach Annahme werden die Wühläcker immer mal wieder neu bestellt. Bei geringer Wilddichte reicht das in der Regel alle drei Monate. Stellt sich nach der Getreideernte im Sommer, und insbesondere nach der Maisernte im Herbst, mehr Schwarzwild im Wald ein, können die Flächen monatlich neu beschickt werden. Bei den Aktionen kann selbst die gute alte Handfräse oder zur Not die Harke in Aktion treten.

Ende April, Ende Juli und im Herbst

Unser diesbezüglicher Takt sieht so aus: Wir legen Wühläcker im April, im Juli und im November an. So decken wir unsere Bejagungsschwerpunkte im Jahr ab. Den für uns wichtigen Mai (ein Teil des Rot-, Dam-, Reh- und Schwarzwildes hat

Kaum das der Frost nachließ, zogen die Wühläcker wieder. Dieses Phänomen beobachten wir seit Jahren über jede Wintersaison.

Im April startet die erste Wühlackeraktion des Jahres, die weit in den Mai und so in unseren ersten Bejagungsschwerpunkt im Jahr ausstrahlt.

Jagdzeit) bedienen wir durch eine Aktion in der (vor-)letzten Aprilwoche. Die Wühlackeranlage im Juli deckt den August (zum Beispiel gut für die Feisthirschbejagung) und zum Teil auch den September (Brunft) mit ab.

Saat & Ernte

Die Novemberaktion bereitet die Phase der großen Drückjagd vor. In der ersten Novemberwoche – bisher hatten wir keine Probleme mit dem Frost – werden letztmalig die Wühläcker erneuert. Ab dann herrscht bis zum Termin der revierübergreifenden Drückjagd absolute Jagdruhe. 2012 stand eine solche revierübergreifende Drückjagd am 5. Dezember an. Schon wurde der dritte Wühlacker-Termin verlegt. Mitte November wurden die Flächen bestellt, danach herrschte Ruhe. Stellen Sie sich bitte ebenso auf Ihre konkreten Termine ein!

Eine weitere positive Nebenerscheinung ist der insgesamt deutlich niedrigere Maisverbrauch, der sich ebenfalls positiv auf die Jagdkasse auswirkt. Das Wild braucht ungleich länger, um an die begehrten Körner zu gelangen. Der Vorteil für uns Jäger: Alles Schalenwild verweilt lange auf den Flächen. Wir haben dadurch häufiger mehr Zeit zum Ansprechen und zum Beobachten. Mittlerweile gestalteten wir alle unsere Kirrungen in Wühläcker um. Diese liegen ausnahmslos am Revierrand, fern der Einstände (wichtig!), und sind so störungsarm zu erreichen und zu bejagen.

Daher eine Bitte: Sprechen Sie bereits jetzt im März Ihren „Wildackerlandwirt" an und ordern Sie Mais! Dann überlegen Sie, welche Flächen in Ihrem Revier geeignet sind, um Wühläcker anzulegen. Im April legen Sie dann erstmalig los.

Ein Blick zurück nach vorn

Von Peter Burkhardt

Das Jagdjahr neigt sich dem Ende zu. Vieles hätten wir noch beschreiben und erläutern können. Zum Beispiel wie man Reviereinrichtungen baut oder die Fangjagd im Wald betreibt. Doch dieses Buch bezieht sich bewusst auf das Schalenwild. Warum?

Wenn Großvater zur Drückjagd eingeladen wurde, war das ein seltener Festtag im Jahr. Heute erleben viele Jägerinnen und Jäger selbst monatlich mehrfach Drück- oder andere Gesellschaftsjagden auf Schalenwild. Die Parameter vieler Reviere haben sich verkehrt. Wo früher Niederwildjagden auf Rebhühner stattfanden, werden heute mancherorts Stromzäune zur Wildschadensabwehr gezogen. Wo früher nur Nadelholz-Monokulturen standen, baut die Forstpartie mit Hochdruck den Wald in Mischwälder um.

Die Bejagung des Schalenwildes ist meines Erachtens nicht nur im Wald eine der herausragenden Aufgaben der Jäger in Gegenwart und Zukunft. Mehr noch: Die stetig steigenden Strecken – insbesondere die Zunahme der Schwarzkittel – beschäftigt mittlerweile große Teile der nicht jagenden Bevölkerung! Daraus erwachsen neue, stetig steigende Anforderungen an die Jägerinnen und -jäger von morgen.

Die Jagd wird mehr und mehr von Menschen beleuchtet und hinterfragt, die eben keinen Jagdschein haben. Zudem leben wir in einer Mediengesellschaft – ob wir wollen oder nicht. Je größer das Publikum, umso mehr (kritische) Fragen tauchen auf, umso mehr stehen wir unter Beobachtung. Des Volkes ungefilterte Meinung hält Einzug in die Reviere, die trügerische Abgeschiedenheit der Jäger „in stiller Natur" ist endgültig geplatzt – willkommen im Medienzeitalter. Wer hier nicht vermittelt, sachlich kommentiert oder gar richtig stellt, steht schnell mit dem Rücken an der Wand.

Ich sehe schon, wie sich manche Stirn in Falten legt. Richtigstellen? Kommentieren? Wozu? Nicht eben wenige Weidmänner empfinden jagdliche Öffentlichkeitsarbeit oder gar den Nachweis eigener jagdfachlicher Qualifikation wie vorauseilenden Gehorsam – die Liste der Einwände jagdlicher „Bewahrer" war und ist lang. Doch es geht nicht um Anbiederung, es geht um eine selbstkritische Überprüfung dessen, was wir tun und außerdem um die fundierte, offensive Bewerbung unserer Ziele.

Die Entwicklungen beim Schalenwild kann niemand so beeinflussen wie die Jägerinnen und Jäger. Nur wir können, wenn wir es denn wollen, das Schalenwild „in den Griff kriegen". Der Grad, mit dem wir diese Aufgabe umsetzen, wird nicht nur ständig und intensiv medial in die Öffentlichkeit gespiegelt, sondern wird direkt weite Teile der Bevölkerung und die Politik maßgeblich beeinflussen. Dass viele mittlerweile mitreden, ist unumkehrbar. Die entscheidende Frage ist aber: Was wollen die, was Sie, was wir vom Wald? Dazu der folgende Artikel ...

Ausdruck der Liebe zu Wald und Wild? Gar politische Überzeugungsarbeit? Noch heute glauben nicht eben wenige Nimrode, mit solchen Schildern der jagdlichen Öffentlichkeitsarbeit Genüge getan zu haben. Wozu auch die Jagd erklären?

Was wollen wir vom Wald?

Von Andreas David

Was wollen wir vom Wald – um diese Frage zu beantworten, sei zunächst ein Blick zurück erlaubt. Noch im frühen Mittelalter gab es um die Dörfer und Siedlungen die so genannte Allmende. Ein Gemeineigentum der Dorfbewohner, quasi ein Allgemeingut, das Weiden, Wald, Wasser und „Ödland" sowie deren Nutzung nach bestimmten Regeln umfasste. Dazu gehörten Holznutzung, Jagd, Fischerei, Weiderechte und einiges mehr. Getreu dem Wahlspruch Omnia sunt communia – alles gehört allen. Die Inanspruchnahme der Rechte erforderte letztlich nur eine Art Gemeindemitgliedschaft.

Fiskalische Wälder, Stiftungswälder, Klosterforstämter oder Privatwald nach heutigem Verständnis gab es nicht. Ab dem 15. Jahrhundert jedoch – hier und dort auch früher – beanspruchten dann weltliche Herrscher und mit ihnen oder über sie auch der Klerus die „gemeine Mark" auf großer Fläche. Eine feindliche Übernahme im Sinne des Wortes, die nicht zuletzt in den Deutschen Bauernkriegen mündete. Aus war's mit der Waldallmende.

Zwar gehören die fiskalischen Wälder letztlich ja immer noch „uns allen". Auch gibt es vereinzelt heute noch Waldgenossenschaften und ähnliche Institutionen auf Gemeindeebene, denen jeder Ortsbewohner gegen einen entsprechenden Beitrag beitreten und so auch bestimmte Nutzungsrechte erwerben kann. Die Waldallmende nach altem Recht, die auf das Gemeineigentum der germanischen Siedlungsgemeinschaften zurückzuführen ist, hat jedoch ausgedient. Und das ist auch gut so! Für den Wald zumindest …

Mannigfaltige Ansprüche unterschiedlichster Menschen und Nutzergruppen an „den Wald" sind derartig vielfältig und in Teilen diametral entgegengesetzt, dass ein Ausgleich kaum möglich erscheint.

Tour 15
Trebel 20,6
Siedlung Prezelle 6,1
Tour 19
Arendsee 25
Siedlung Prezelle 6,1
Radfernweg
Schnackenburg-Uelzen
Wendland NaTour
Prezelle

Trotzdem aber ist der Wald auch heute noch für „uns alle" da. Spaziergänger, Reiter, Jogger, Pilz- und Beerensammler, Mountainbiker, Naturfreunde und -fotografen, Jäger, Angler, Förster und Waldbesitzer und einige mehr.

Und jetzt wird es unübersichtlich. Unsere Ansprüche an „den Wald" sind allein angesichts dieser Aufzählung derartig vielfältig und in Teilen diametral entgegengesetzt, dass ein Ausgleich kaum möglich erscheint. Und doch kann und sollte er uns gelingen – im Sinne von Ökologie und Ökonomie sowie Naturschutz, Jagd, Erholungs- und anderer Freizeitnutzung. Sofern sich einerseits ein jeder im Rahmen seiner Nutzungsrechte an die entsprechenden Gesetze hält, andererseits aber nicht ungeachtet von Raum und Zeit ebenso rücksichts- wie kompromisslos auf sein Recht pocht. Dabei hilft ein regelmäßiger Blick über den eigenen Tellerrand. Auch uns Jägern ...

Was wissen Sie über die aktuelle Holznutzung in Ihrem Revier? Kennen Sie die forstbetrieblichen Ziele? Foto: Jonas Burkhardt

Denn ebenso vielfältig wie die Waldbilder selbst, sind die Interessen am Wald. Und last but not least kommen die artspezifischen Lebensraumansprüche unzähliger Wildtiere und -pflanzen hinzu, die es zu berücksichtigen gilt. Die jagdliche Bewirtschaftung eines Waldreviers ist folglich kein lodengrünes Computerspiel, das unter Ausschluss der Öffentlichkeit stattfindet. Ebenso wenig ist der Wald eine reine Jagdkulisse, so, wie er von einigen unserer Zunftgenossen leider immer noch gesehen wird.

Eine zukunftsfähige Jagd muss sich zwangsläufig mit den rechtmäßigen Interessen und Zielen der anderen Waldnutzer auseinandersetzen und sie respektieren. Auch, wenn es mitunter schwerfällt. Wir möchten doch auch, dass die jagdlichen Belange und Notwendigkeiten wahrgenommen und respektiert werden – oder?

Bitte kein erhobener Zeigefinger

Für die sich daraus ergebenden Dialoge ist es notwendig, über ein gewisses Maß an Information, Know-how und Fingerspitzengefühl zu verfügen. Das beginnt mit den grundlegenden Rechtsvorschriften, geht weiter über die Forstwirtschaft und Holznutzung und endet mit einem unabdingbaren Basiswissen über die vielschichtigen Verknüpfungen im Ökosystem Wald. Nun ist die Zeit bekanntlich knapp. Vieles von dem lässt sich jedoch in persönlichen Gesprächen und Diskussionen verinnerlichen. Reden sie deshalb bei sich bietender Gelegenheit mit Spaziergängern, Joggern und Waldarbeitern.

Lassen Sie dabei aber bitte den erhobenen Zeigefinger weg und verlassen Sie zu diesem Zwecke unbedingt den allradgetriebenen Geländewagen. Besuchen Sie doch einmal die Versammlungen der ortsansässigen Waldbesitzerverbände, informieren Sie sich über deren Ziele, Pläne, Sorgen und Nöte.

Das „Grüne Abitur" reicht nicht aus

Nutzen Sie das diesbezügliche Fortbildungsangebot der jagdlichen Organisationen. Schauen Sie links und rechts des Waldweges. Bringen Sie dabei aber auch Ihre berechtigten Interessen und die Bedürfnisse des Wildes mit ein. Beschäftigen Sie sich mit Wildruhezonen, Intervall-Jagd, Schwerpunktbejagung und Möglichkeiten der Lebensraumverbesserung. Oft ist mit einer entsprechenden Gestaltung der Waldwege und Traufbereiche schon viel gewonnen …

Zu viel verlangt? Ich meine nicht. Denn nur so gelingt es uns letztlich, den Ruf des Hobbyjägers – ein furchtbares Wort – abzulegen und unseren berechtigten Platz in der Gesellschaft und das Gehör aller Wald- und Naturinteressenten zu finden. Das so oft zitierte „grüne Abitur" allein reicht dazu bei weitem nicht aus.

Eine zukunftsfähige Jagd muss sich zwangsläufig mit den rechtmäßigen Interessen und Zielen der anderen Waldnutzer auseinandersetzen und sie respektieren. Auch, wenn es mitunter schwer fällt. Foto: Katrin Burkhardt

Sehens- und lesenswert

Eine subjektiv-unwissenschaftliche Literatur- und Linkliste

Christian Ammer et al.
Der Wald-Wild-Konflikt
Universitätsverlag Göttingen

Walter Arnold
Der verborgene Winterschlaf
Der Anblick 2/2002

Joachim Beninde
Zur Naturgeschichte des Rothirsches
Paul-Parey-Verlag

BELV
Frei lebende Huftiere und biologische Vielfalt
Vorträge am 5. Oktober 2010

Peter Brauer
Was der Wald mir sagt
www.naturum-goehrde.de

Jonas Burkhardt
Vegetationskundlicher Vergleich von Verbiss-weiserflächen im Niedersächsischen Flachland
FH Eberswalde, 2012

Peter Burkhardt
Ein Jahr im Rotwildrevier – Jagdpraxis und Hege
Müller Rüschlikon-Verlag

Peter Burkhardt
Oasen im Waldrevier
Wild und Hund 3/2005

Peter Burkhardt
Konzept der Großjagd geht auf
waldundwild.blogspot.com

Andreas David
Unter Rehen: Biologie - Bejagung - Hege
Müller Rüschlikon-Verlag

Deutsche Wildtier Stiftung
Eine Plattform für den Rothirsch
www.rothirsch.org

Konrad Ebeling
Wald mit viel Wild
SDW-Tagung 2010

Dr. Georg Frank
Biodiversität als Kriterium der Nachhaltigkeit
www.waldwissen.net

Martin Forstner et al.
Kriterien und Indikatoren einer nachhaltigen Jagd
Forschungsinstitut für Wildtierkunde
und Ökologie Wien

Facebook-Account
„Wald und Wild"
Seite für Jäger, Förster, Waldbesitzer ...

Facebook-Account
„Hochwildringe"
Zusammenschluss dreier Hochwildringe

FSC
Zertifizierung nachhaltiger Forstwirtschaft
www.fsc-deutschland.de

Hegering Gartow
Rubriken „Jagdbetrieb" und „Wölfe"
www.hegering-gartow.de

Norbert Happ
Hege und Bejagung des Schwarzwildes
Franckh-Kosmos

Bruno Hespeler
Jäger wohin?
BLV-Buchverlag

Hochwildringe
Rubriken „Jagdbetrieb" und „Wald und Wild"
www.hochwildringe.de

Jagd & Feder
Erlebnisse in Wald und Natur
www.jagd-und-feder.de

Heribert Kalchreuther
Die Sache mit der Jagd
BLV-Buchverlag

Niedersächsische Landesforstverwaltung
15 Jahre LÖWE-Programm
www.landesforsten.de

Peter Pabel
Streckenbericht & -analyse,
Präsentation auf der Jahreshauptversammlung
des Hochwildringes Göhrde, 2013

PEFC
Hintergrund und Ziele
https://pefc.de

Jörg Rahn
Äsungsflächen, Planung, Anlage, Pflege
BlV-Buchverlag

Karoline Schmidt
Wie man Wild erntet
Die Presse, 2011

R. Suchant et al.
Rotwildkonzeption Südschwarzwald 2008
Forstliche Versuchs- und Forschungsanstalt
Baden-Württemberg

Stmelf Bayern
Richtlinien für die Hege und Bejagung des
Schalenwildes
www.stmelf.bayern.de

Burkhard Stöcker
Der König der Wälder
Franckh-Kosmos

Erhard Ueckermann und Paul Hansen
Das Damwild: Biologie. Hege und Jagd
Franckh-Kosmos

Michael Urbansky
Wild soll wieder tagaktiv werden
Präsentation auf der Jahreshauptversammlung
des Hochwildringes Gartow-Lüchow, 2012

Hans von der Goltz
Verantwortung für Wald
www. wald-wild-forum.de

Dr. Torsten Vor
Fütterung und Kirrung auf dem Prüfstand
www. wald-wild-forum.de

Waldwissen
Rubrik „Wildtiermanagement"
www.waldwissen.net

Ein Dankeschön an die Mitautoren

Ich habe mich sehr darüber gefreut, dass ohne großes Zögern verschiedene Co-Autoren bereit waren, an diesem Buch mitzuarbeiten. Dank ihrer Unterstützung zogen neue Facetten und Sichtweisen in dieses Werk ein, zudem besetzten meine Mitstreiter Themen, die ich so nie hätte abarbeiten können. Mein Dank gilt:

Stefan Bruns
Rechtsanwalt aus Hannover,
mail@anwalt-bruns.de,
www.anwalt-bruns.de

Jonas Burkhardt
Revierförster aus Gartow
fbg@prignitzer-privatforst.de

Andreas David
Wildbiologe aus Salzhausen
andyfl@t-online.de

Timo Hilgers
Versicherungskaufmann
aus Lüneburg
timo.hilgers@vtp.devk.de
www.timo-hilgers.devk.de

Als Fotografen, die mit zahlreichen Bildern in diesem Buch vertreten sind, bedanke ich mich insbesondere bei:

Reinhard Behn
Forstbeamter im Niedersächsischen Landesforstamt Göhrde

Katrin Burkhardt
Freie Journalistin, Buchautorin
jaegerin-buch@web.de

Hans-Jürgen Kelm
Forstbeamter im Niedersächsischen Landesforstamt Göhrde

Frederik Mann
Schüler, Hobby-Jagd- und Naturfotograf

Peter Pabel
Forstbeamter im Niedersächsischen Landesforstamt Göhrde

Timo Hilgers (s. links)

Jonas Burkhardt (s. links)